■ 日本農業の動き ■　No.209

農業と福祉
その連携は何を生み出すか

農政ジャーナリストの会

目次

〈農政の焦点〉

農業気象台

○…昨年末からの大雪による農林水産関係被害額は、二月二日現在で九〇億円を超えた（農林水産省まとめ）。

　政府は同日、農業共済などの共済金、保険金の早期支払いや融資、農業用ハウスの早期再建を図る支援対策を公表した。冬期は出稼ぎが当たり前だった雪国で、園芸施設が普及して収入を得られるようになった。被害を理由に多くの離農者を出さないよう、行政や農業関係者には支援に万全を尽くしてほしい。

○…福井県の施設園芸農家が一月八日からの大雪の経験をブログに綴っている。大雪の予報を見て、八日夜からハウスの見回りや雪かきを開始。九〜一二日は農作業をやめ、スタッフ全員で雪かきに励んだという。一時は数棟をあきらめる覚悟もしたが、紙一重で被害を回避した。実は、二〇一八年の豪雪被害の経験を基に事前準備をしていた。建て替えたハウスは剛性の高い構造にし、天気図などの読み方を勉強した。前回は故障などで機能しなかった融雪装置の点検と修理もすませていた。また、海外からの研修生には、動画を見せて雪かきの方法などを教えていたそうだ。

○…時に大きな災害をもたらす雪だが、春先の水田用水の確保には一定の積雪量が必要だ。冬場はスキー場で働く農家も多いから、全く降らなくても困ることになる。毎年、平年並みの降雪なら問題は起きないだろう。しかし、長く取材した経験でも平年並みの気象推移の年などは記憶にない。

　昨今は、過去に経験のない気象推移からの災害事例が増加傾向にある。報道に携わる立場から、自然を相手にする農業者には、警戒や準備を怠らないよう情報を発信していきたい。

○…東京で働く雪国出身者と話すと、雪国には住みたくないという人は多い。雪国出身者として、その言い分も理解できる。降るときは毎日どころか数時間ごとに雪かきをしなければ外出もままならなくなる。道路を除雪車が通る都度、出入り口に寄せられた雪を片付けないと、そのまま凍ってしまい、どかすのも一苦労だ。寒さが続くと水道管の凍結も頻繁に起きるため、夜の間に一、二度水を出しておくなど、体力と手間がかかる。

　ただ、スキーなどのスポーツや地元食材の鍋物など雪国ならではの楽しみもある。個人的には、初冬から春先まで変化していく野山の雪景色が好きだ。鮮やかな紅葉の景色が冠雪以降はモノトーンの世界に変わっていく。しんと冷えた真冬に見る月夜の雪景色は、水墨画の世界だ。夜空の星々も夏に比べて輝きが増して見えるのは、空気が澄んでいるためか。雪解けの季節を迎えると、残雪が動植物など独特の形になる雪形が表れる。春作業を始める目安の雪形も各地に存在するようだ。

○…気象庁は昨年一一月、動植物の初見や初鳴き、開花、落葉などを確認する生物季節観測の種目・現象を一月から変更すると発表した。全国の気象台・測候所五八地点で植物三四種目、動物二三種目を観測していたが、一月からはアジサイの開花など植物だけ六種目九現象に見直された。気象台などの周辺環境が変化し、観測が困難になったと説明する。一九五三年から七〇年近く蓄積してきた記録の中断には、気象予報士などの反対意見が出ていたが、押し通された格好だ。指針では、観測は季節の遅れ進みや気候の違いなど総合的な気象状況の推移を把握することを目的に挙げていた。季節の話題提供は、一般の人に気象に関心を持ってもらう貴重な機会ではなかったか。

国土交通省は、水害・土砂災害に関する防災用語の改善を検討中だ。簡潔で分かりやすい言葉と情報伝達方法で、災害時の警戒レベルに合わせ、住民の緊急的な行動を促すのが狙いだ。台風や大雨の予報に基づき、報道機関も協力して最大級の警戒を訴える事例は増えている。しかし、被害が軽微だったりすると次には行動に結びつかないなどの問題が報告されている。

○…以前、台風常習地域の施設園芸農家に、天気図が読めれば毎日の天気だけではなく、数日後の気象変化も見込めて早めの対応ができると聞いた。台風などの直撃は防ぎようがなくても、事前に把握していれば一定程度の被害は回避・抑制できるということだ。今回の雪害は、想像を超える大雪によるものだが、情報を基に早めに対応していれば回避できた例もあるのではないか。それが悔しい。

（下）

農業気象台

特集：農業と福祉　その連携は何を生み出すか

福祉との連携が生む農の新たな価値

会員　行友　弥

「農福連携」という言葉をよく見聞きするようになったのは、一〇年ほど前からだろうか。「農政ジャーナリストの会」の研究会でトップバッターを務めたＪＡ共済総合研究所の濱田健司主席研究員によると、農林水産省・厚生労働省などの関係機関が「農福連携」に用語を統一したのは二〇一五年だったという。つまり行政用語としてオーソライズされてから、まだ五年あまりということになる。

だが、筆者が「農福連携」という言葉を知ったのは毎日新聞を退職した一二年よりは前だったと思う。濱田氏らの熱心な普及活動によって、草の根的に取り組みが広がっていたということだろう。

農業現場で働く「障害者」（注）がいることは、もっと前から知っていた。二〇〇五年ごろだったと思う。東京都練馬区で体験農園を運営する白石好孝さんを取材で訪ねた際、ビニールハウス内で作業をする三〇代ぐらいの男性を紹介された。白石さんの話では、彼は心の病の回復過程にあり、リハビリの一環として農作業に従事しているとのことだった。

（注）最近は「障害」の負のイメージを避けるため「障がい者」「障碍者」などと表記されることもあるが、本稿では「障害者」とする。障害は当事者の側にではなく、当事者を排除する社会の側にあり、まして当事者が社会にとっての「障害」だという意味は本来の語義からいってもない。「害」という文字を隠すことは、かえって問題の本質を見えにくくすると考える。

本人にも話を聞いたが、ごく普通の、まじめで温厚そうな青年だった。「健常者」（使いたくない言葉だが、便宜的に使わせてもらう）と全く変わりない口調で「ここへ来るようになってからは調子がいいんです」と微笑み、白石さんも「彼はよくやってくれている。私の右腕ですよ」と笑顔で話した。

草の根での取り組み

感心しながら気付いたのは、こんなことだ。「障害者」は一方的に「手を差し伸べられる」だけの受け身の存在ではない。個々人の特性に応じた工夫は必要だが、その工夫によって「障害者」というレッテルをはぎとり、同じ社会を構成する一人の人間として接することが「障害」の克服につながる。それは、特定の属性を持った少数者を排除する社会の側の「障害」を取り除くことにつながるのではないか――。

その数年後には「ひきこもり」の人々が農業現場で働く取り組みがあることも知った。東京都立川市に本部を置く認定ＮＰＯ「育て上げネット」（工藤啓理事長）の活動だ。立川市を含む東京都西部は都市農業が盛んな地域だが、農家の高齢化が進んでいる。育て上げネットは、そうした都市農家に「ひきこもり」脱却を目指す人々を派遣する事業を展開していた。

工藤理事長の話で、強く印象に残ったのは派遣を受けた農家側の反応だ。「最近の若い人は農業なんて嫌がるものだと思っていたが、こんなに一生懸命やってくれて、本当にありがたい」といった感謝の言葉が次々と寄せられたという。そのような言葉が、社会からの承認を求めるひきこもりの当事者たちを、どれほど勇気づけたかは想像にあまりある。

助成事業や認証制度も創設

こうした草の根的な取り組みの積み重ねに加え、それを社会的に意義づけ、発信する濱田氏ら研究者・支援者の努力の上に、農福連携が行政の課題としても位置づけられる流れが作られてきたのだろう。

現在では農福連携に取り組む農業法人や社会福祉法人、ＮＰＯなどへの経費助成、サポーターやコーディネーターの育成支援、マルシェ（農作物の直売会）開催への支援、関連施策を推進する都道府県への補助など、さまざまな事業が農水省や厚労省によって仕組まれている。

また、農水省は農福連携によって生産・加工された農産品を認証する制度「ノウフクＪＡＳ」を一九年に創設し、同年一一月には第一号として長野県（二件）、愛知県、京都府の四事業者が認証された。まだ世間一般の認知度が高いとは言えない農福連携が広く知られるきっかけになるだろう。食品購入を通じて取り組みを応援する気運が消費者の間に広がる効果も期待できる。

活動を支える組織基盤も整ってきた。一七年には都道府県の担当部署を結ぶ「農福連携全国都道府県ネットワーク」が発足し、同じ年に民間ベースの「全国農福連携推進協議会」も設立された。協議会は翌年一一月に「一般社団法人日本農福連携協会」に改組され、幅広い関係団体が結集している。

同協会の会長は元農林水産事務次官の皆川芳嗣氏で、副会長は元厚生労働事務次官の村木厚子氏だ。皆川氏は農水省の元事務方トップという立場にとどまらず、自身も障害者の家族を持つ当事者として、農福連携にひとかたならぬ熱意を注いでいる。村木氏も現役官僚時代から障害者の就労に熱心に取り組んできた。顧問には前身の協議会時代に会長を務めた、前述の濱田氏も名を連ねている。

前農水事務次官の末松広行氏も、農福連携の強力なプロモーターだ。農福連携は一六年六月に閣議決定された「ニッポン一億総活躍プラン」でも言及されていたが、具体的な施策の展開はまだ乏しかった。末松氏は一八年七月の次官就任後、政府・与党内の人脈を駆使して省庁横断の農福連携推進会議を発足させ、政府全体で取り組む態勢づくりに尽力した。一九年六月には、同会議で「農福連携等推進ビジョン」がまとめられている。

　末松次官の下でまとめられた食料・農業・農村基本計画（二〇年三月）でも、農福連携は施策の柱の一つに掲げられた。

　基本計画では「農村の振興に関する施策」の一つに盛り込まれ、農福連携の社会的認知度の向上、障害者が働きやすい農業環境の整備、専門人材の育成、各界関係者が参加するコンソーシアム設置などがうたわれている。また、農業だけでなく林業や水産業、障害者にとどまらず高齢者や生活困窮者も連携の主体として挙げた。

障害者雇用促進法と自立支援法

　こうした農政側からのアプローチと並行し、厚生労働行政の側で障害者就労の促進が図られてきたことも、農福連携の大きな背景だ。

　障害者の雇用を企業などに促す「障害者雇用促進法」は、一九六〇年に制定された比較的古い法律だ。当初は身体障害者だけが対象だったが、後に知的障害者と精神障害者が加わった。従業員の一定割合を障害者から雇用するよう求める「法定雇用率」も、当初は努力目標だったが、七六年に義務化された。当時の一・五％（民間企業の場合）から段階的に引き上げられ、現在は二・二％（同）、今年三月からは二・三％となる。

もう一つの契機は、〇五年に制定された「障害者自立支援法」だ。同法は障害者の就労を通じた自立を大きな柱としている。一三年四月に廃止されたが、骨格は新法の「障害者総合支援法」に引き継がれた。「障害者」に難病患者を加えるなど重要な見直しがおこなわれたが、就労支援の枠組は旧法とほぼ同じだ。

同法に基づく障害者就労支援事業には①就労移行支援事業、②就労継続支援Ａ型、③就労継続支援Ｂ型、④就労定着支援の四類型がある。①は通常の事業所で働くことが可能な（障害の程度が軽い）人に職業訓練や求職活動の支援をする。④は通常の事業所に就職して六カ月を経た人に相談・指導・助言などをおこない、その定着を支援する事業だ。

一方、②と③は通常の事業所で働くことが困難な人が対象になる。このうち②のＡ型事業所は「雇用契約による就労が可能な者」、③のＢ型事業所は、それが「困難な者」が就労する。つまり、Ｂ型はＡ型より相対的に障害の程度が重い人が利用する。

Ａ型は雇用契約を結ぶため最低賃金が適用され、比較的高い報酬が得られる。一方、Ｂ型は雇用関係がなく「工賃」（支給額の基準は出来高払いや一日あたりの定額などさまざま）という形で報酬を受け取る。

厚生労働省の統計によると、一八年度のB型事業所における平均工賃は月額一万六一一八円で、上昇傾向にあるものの一般的就労に比べればかなり低い。A型の平均月額報酬七万六八八七円と比べても五分の一の水準だ。

A型は雇用関係を伴うため、障害者雇用促進法に基づく法定雇用率に算入される。また、就労継続支援とは別に、障害者雇用促進法に基づく「特例子会社」による間接的な雇用形態もある。一定の要件を満たす子会社が障害者を雇い入れれば、それを親会社による雇用とみなすことができるという規定だ。

農福連携でも、上記の就労継続支援事業A型・B型や特例子会社などの制度を活用している事例が多い。主流はB型だが、A型や特例子会社方式も一部にはある。

障害者雇用の促進という面ではA型や特例子会社の普及が望ましいが、問題もある。法定雇用率の達成や助成金を目当てに事業を始め、結果的に経営に行き詰まって障害者が解雇されるといった事例もあるからだ。障害者の自立支援という本来の目的が正しく理解され、確固とした経営計画の上に事業が営まれることが求められる。

障害者が農業現場で働く意義

就労は障害者の自立や社会的包摂へ向けた重要なステップであると同時に、働く主体や働き方そのものを多様化し、労働の場を社会全体に開いていくという意義もある。「ユニバーサル就労」と呼ばれる考え方だ。

障害者や高齢者、あるいは「ひきこもり」や生活困窮者らに一方的な「福祉の受給者」というスティグマ（烙印）を付すことは、そうした当事者の尊厳や生きる力を奪うだけでなく、社会全体から見ても大きな損失になる。

たとえば、ある仕事に関する能力を〇から一〇〇まで数値化できるとする。そして、その能力が四〇未満の人々を働き手から除外したとしよう。つまり、その人々は一律に「ゼロ」の存在として扱われることになる。

しかし、本来は三〇の人には三〇なりの、二〇の人には二〇なりの貢献ができるはずだ。そして、その人々が働きやすいように仕事のやり方を工夫すれば、二〇の人が三〇の、三〇の人が四〇の力を発揮できるかも知れない。結果的には九〇の人が一〇〇の力を出せる可能性もある。「障害者／健常者」という機械的な線引きは、その可能性を奪う。

職場に多様な働き手がいることは、必ずしも「生産性」（これも使いたくない言葉だが、便宜的に使う）を低下させない。障害者の就労に詳しい横浜市立大の影山摩子弥教授は、障害者雇用が健常者の従業員にもプラスの影響を及ぼすことを指摘している。

たとえば工場内で、乱雑に置かれていた工具類を障害者が作業しやすいよう整然と分類して置くようにすれば、健常者の作業効率も向上する。皆で障害者をサポートすることが従業員同士のコミュニケーションを豊かにし、職場の雰囲気や人間関係が良くなるケースもあるという（注）。

（注）詳細はＬＯＧＺＧＲＯＵＰ株式会社が運営するウェブメディア『Puente』（https://puente.fun/csr-kageyama/）に掲載された影山教授のインタビューを参照。

余談だが、筆者は二十数年前、障害児の統合教育（障害児を一般の生徒と同じクラスに編入する）を実践する川崎市の高校を取材したことがある。その時、担当教諭は「統合教育は障害児のためのものではありません。障害のある子を受け入れることで、他の生徒たちも一緒に成長します。それが統合教育の真の目的なのです」と言った。胸を突かれる思いだった。もちろん、差別や分断が生じるリスクもある。しかし、それを乗り越えていく過程にこそ、本当の「学び」がある。職場においても、同じ意味での成長があるはずだ。

農政ジャーナリストの会の研究会では、静岡県浜松市で施設園芸を営む京丸園の鈴木厚志社長から農福連携の実践例を聞いた。本誌に掲載される研究会の詳報を読んでいただければ、影山教授や川崎市の高校教諭の言う意味が理解できると思う。

鈴木社長の話で、もう一つ感銘を受けたのは障害者雇用に踏み込むきっかけとなった母子のエピソードだ。障害のあるお子さんを連れてきて「給料はいらないから働かせてほしい」と頼み込んだ母親の言葉が、鈴木さんの脳裏にこびりついた。知人の福祉関係者も「もし就職できなければ、その子は福祉施設で面倒をみてもらう立場になる」と言った。

鈴木さんは「仕事はお金を稼ぐためにするもの」と思っていた自分を恥じ「自分たちの農業が、福祉の役に立つかも知れない」と考えるようになったという。そして、実際に障害者雇用に取り組むようになって（もちろん、さまざまな試行錯誤を経てではあるが）むしろ作業の効率は向上したという。

浜松市では、農福連携が地域ぐるみの取り組みに発展し、関係する農業法人などにより「ユニバーサル農業研究会」が結成されている。「ユニバーサル農業」は「誰でも参加できる農業」という意味であり、ユニバーサル就労の農業版だ。

農と福祉それぞれが変わる契機に

農業をユニバーサルにしていくためには、農業の側も変わらなければならない。「農業」と「福祉」という別々の分野が別々のまま便宜的に連携するのではなく、農業を多様な働き手に開放することで、農業も福祉も良い方向に変えていく――それがユニバーサル農業の意義だと筆者は理解した。

「人手不足の農業分野と障害者の自立を模索する福祉分野を結び付ければ、ウィン・ウィンの関係が築ける」。農福連携については、しばしばそんな説明がなされてきた。もちろんその通りだが、それだけで終わらせるのはもったいない。

「農業」とは、「福祉」とは、そして「働く」ということは、そもそもどういうことなのか。鈴木社長の心を揺さぶったような根源的な問いかけがなければ、農福連携の意義は半減するようにも思える。濱田氏が「最終的には『福祉』という言葉も『農福連携』という言葉もなくなる状態に持っていきたい」と語るのは、そういう意味だろう。まして、障害者雇用率の達成や助成金目当てで障害者を使い捨てにするような「連携」であってはならない。

食と農には人と人とをつなぐ力がある。格差や分断、差別と排除の論理に切り刻まれた社会を「もやい」直し、傷ついた人々をエンパワーメントすることができる。そのような農業の機能と価値を体現する取り組みが農福連携だと思う。

（ゆきとも・わたる　農林中金総合研究所特任研究員）

農福連携を巡る動向と課題

一般社団法人ＪＡ共済総合研究所 主任研究員
濱田　健司

農福連携は、これまで福祉関係者から広がっていきましたが、なかなか農業関係者での広がりが見られなかったのですが、こうした研究会によって、農業関係者にもその取り組みが広がると考えられ、たいへんいい機会をいただいたと感謝申し上げます。

実は農福連携は、官民一体、そして現場ともつながって一緒に取り組んできています。そのなかで意識啓発と普及をしてきました。これまでのさまざまな施策の展開の仕方とは異なり、現場からのボトムアップ型の取り組みです。

私自身は研究者ではありますが、むしろ総合プロデューサーとして、現場にも足を運び、関係団体や、国・都道府県に赴いていろいろな企画をし、人を繋げたり、様々な相談にのってきました。

この農福連携の取り組みを世の中に広めていくために、実践を交えながら、皆さんの協力を得ながらここまでまいりました。

今日は、農福連携の基本中の基本をお話しをさせていただきますが、さらなる広がりについては、別の機会でお話しできればと思います。なお、農林水産省都市農村交流課の豊課長、厚生労働省障害福祉課の源河課長にも起こしいただきましたので、最後に補足していただきたいと思っております。

内閣府に農福連携等推進会議が組織され、その有識者にＴＯＫＩＯの城島さんが参加したというニュースが今朝、報道されていました。私が、一五年くらい前に農福連携の研究を始めた頃には、研究者はまったくおりませんでした。実践者は点的存在であり、今のように、障がい者の方々が農業の現場で役割を果たして、農業や地域を支えていき、それが障がい者にとってのほんとうの自立につながっていくことについて、その理解はまったくありませんでした。しかし最近、そうした取り組みが官邸にまで知るところとなり、ニュースにもなって、ほんとうにうれしく思います。

農福連携とは、農業と福祉を連携させることです。狭義には、障がいをもっている方が農業生産に従事するということであり、現在はこの意味で使われることが多いです。身体障がい者とは、たとえば耳や目、四肢など体に障がいをもっている方たち、そして、ＩＱ七〇以下の方を知的障がい者と言い、そして精神障がい者とは双極性障害（そううつ病）や統合失調症などの精神障害をもっている方を指します。こうした障害をもっている方の数を見ると、身体障がい者が四三六万人、知的障がい者が一〇八万人、精神障がい者は三九二万人、合計九三六万人ほどになります。仮にその障がい者の家族まで含めると四人家族の場合、関係者は二七〇〇万人を超えると考えられます。障がい者のなかで、一八歳以上六四歳未満の労働力となる人口が三六一万人いますが、そのなかで実際に何らかの形で働いている方は二割ちょっとの八二万人しかいません。

働きたい意欲をもった障がい者たち

その働いている方についてみると、一般の企業で働いている方は五〇万人くらいで、あとは厚生労働省によって支援されている障害福祉サービス事業を実施する事業所で働いている方が三二万人います。このように障害をもっていて働いている方は、まだまだ少ないのです。厚生労働省が、働いていない方たちに、就労意欲ついてアンケートをとったところ、働いていない方々の約六割が働きたいという意欲をもっていました。したがって就労に関するミスマッチがあると言えます。

障害福祉サービス事業所では、一般企業で働くのがたいへんな方たちを支援していますが、そこではいくつかの制度が用意されています。企業などに就職するために最長二年間訓練できる制度もあります。そのほか就労継続支援事業というものがあり、就労継続支援A型事業と就労継続支援B型事業に分かれています。A型は、すぐに企業で働くには少しサポートが必要だという方がそこで訓練をしてから企業に入っていく、あるいはそこで就労するものです。B型はさらに重度の方を対象に、就労訓練と就労の機会を提供しています。

Ａ型事業所は、一般の企業で働くには難しいものの、どちらかと言えば元気な方のための事業で、障がい者と事業所が雇用契約を結んで、最低賃金以上を支払わなければなりませんが、Ｂ型事業所ではより重度の障がい者ですので、そうした条件はありません。このような就労継続支援事業所が、全国にたくさんできてきました。

福祉の分野では、一般にいう賃金を工賃といいます。Ｂ型の事業所での平均工賃は、二〇一七年は月額約二万五六〇〇円でした。一〇年以上前は、おおよそ一万二〇〇〇円でした。厚生労働省では、この工賃を上げていかなければならないということで、工賃倍増や工賃向上計画を策定して、事業所スタッフや障がい者の方の努力によって少しずつ上げてきています。それでも、現状はまだまだ低水準です。

なぜ、そうした低水準になるかというと、たとえば障がいをもっている方の仕事には下請けの仕事が多く、部品の組み立てなどは一個当たり何銭という仕事です。お惣菜や弁当をつくる仕事などもありますが、他の民間企業との競争のなかで売上を上げるのはなかなかたいへんです。Ａ型事業所の月額平均工賃は約七万四〇〇〇円です。これは、一時期より下がっていますが、それは主として制度変更によって精神障がい者の方も含んだものだからです。精神障がい者の方は、長時間働くことは大変であり、その結果、全体の平均額が下がっています。

なお、障がい者の方も年金を受け取れますが、多くても八万円少しくらいしかありません。家族の支えがなければ、その年金に工賃を加えた額で生活はとても維持できません。従って、障がいをもつ方々の高い工賃・賃金で働く場をもっとつくっていくことが重要です。

農業の現況と「農福連携」を考えたわけ

二〇一八年の農業就業人口の平均年齢は六六・六歳です。就業人口そのものの減少度合いをみても、二〇一〇年からの五年間に五〇万人ほど、年間に約一〇万人減少しています。このような深刻な状況を受けて、政府では、外国人技能実習生制度により、五年間で三六万人を入れようとしていますが、農業では数万人、それでも労働力は足りません。農福連携の取り組みをしていると、外国人と雇用の取り合いになるのではないかと危惧される向きもありますが、今の農業現場の労働力不足はそもそもカバーできません。昭和一桁世代がリタイヤし、また七〇歳台の方たちもあと数年で心身機能は低下してきます。そうなれば、もっと労働力は不足してきます。

それらの課題を解決できないかと、一五年くらい前に考え始めたのが農福連携でした。当時、ある障害福祉サービス事業所の工賃を上げたいという相談があって、さまざまな事業所の現状を調査したことがきっかけでした。当時の平均工賃は約一万二〇〇〇円、場合によっては、数千円という所もありました。そこでは障がい者の自立のためと、事業所スタッフは頑張っていました。そして調査のなかで、身体障がいをもったある若い男性は、一万二〇〇〇円ででも親の援助もあるので生活に十分満足しているとまで言っていました。

一方、ある介護事業所では、内部障がいをもった職員がその障がいのために就ける職域が限られていると不満を言っていました。それを聞いて、本当は障がいをもっている方たちも社会の役に立ちたいと思っているのだと強く感じました。

一般に障害福祉サービス事業所は街中にあることは少なく、多くは街のはずれで、周辺では農業がおこなわれている所が多いのです。一方、農業は高齢化して労働力が不足しています。それを結び付けたらどうだろうか。そこで農福連携を考えたわけです。しかし、福祉関係者は、農業なんて障がい者には無理だと、農業関係者からは、障がい者に農業ができるのかと、当時はまったく相手にされませんでした。行政も研究者も、障がい者は農業労働力にはならないと、否定していました。

農と福祉に関係する取り組みは、それまでにもなかったわけではありません。古くは、住み込みで障がい者を雇用していた農家もありました。とくに畜産で見られました。一部の障害福祉サービス事業所では、農業生産をおこなっていました。園芸セラピーの形やいきがいづくりとして園芸をおこなうこともしていました。農福連携だけでなく、障害者就農、ユニバーサル農業、社会的農場などのさまざまな言葉がありました。しかし、それぞれの団体はできているものの大きくはならず、点的な存在でしかありませんでした。例えば、一九九〇年代に園芸療法が流行しましたが、それ以降、あまり広がっていきませんでした。

障害者が農業生産に従事するというそうした点的存在だった取り組みを、二〇一五年、農水省と厚生労働省、そして私と諸団体とが話し合って、「農福連携」と定義し、その名のもとで取り組んでいこうとなりました。ちなみに、「農福連携」という言葉自体は、鳥取県で最初に使われました。

広がる障がい者就労の「型」

農福連携は、いくつかの類型にわけることができます。一つは、事業所内の自主事業として農業生産をすること。最近は、農業法人を設立する事業所も出てきており、認定農業者の資格をとっている事業所もあります。二つは、例えば忙しいときの農家の仕事を事業所が受託することです。

もう一つは農業サイドの取り組みとして、農業者が障がい者を雇用することがあり、とくに農業法人でこの取り組みが広がっています。また近年、農作業が忙しいときに、農家や農業法人は障害福祉サービス事業所に作業を委託するようになってきています。最近では、農業法人がＮＰＯ法人などを設立し障害福祉サービス事業を実施し、そこで訓練をしている所も出てきています。また、障害福祉サービス事業所が農業をおこなうにあたって、農業技術習得を支援したり、土地の借用などを調整することが重要なため、最近では、ＪＡがそうした取り組み支援をおこなっています。

企業も、四五・五人以上の従業員を抱える企業は、二・二％以上の障がい者を雇用しなければなりません。この障害者雇用は法律で決められていますが、かつては自分の企業で雇用して仕事をしてもらうのは難しいことから、なかなか雇用が進みませんでした。そこで、企業が出資して子会社をつくり、役員など一定の要件を満たした場合、その子会社で障がい者雇用をおこなえば、親会社が法定雇用率を達成したとみなすことにしました。

これが特例子会社で、全国では四〇〇社くらい立ち上がっており、その一割ほどが農業に取り組んでいます。中には東京にある特例子会社を地方に誘致している事例も見られます。最近、「労働者協同組合」などによるソーシャルファーム（Social firm）においても、障がいをもっている方たちが農業で仕事を始めています。

つまり農福連携の「型」には、社会福祉法人やＮＰＯ法人などが農業生産に取り組む「事業所型」、それから次回研究会で報告が予定されている農業法人京丸園株式会社のように雇用に取り組む「雇用型」、そして、農業者が社会福祉法人やＮＰＯ法人などの事業所に農作業を委託する「受委託型」があります。

また、企業などが取り組むタイプも増えてきており、協同組合でも障がい者の雇用あるいは障害福祉サービス事業を実施するところが出てきています。全農大分とＪＡおおいたは一緒になって、農作業の受委託のマッチングをおこなっています。生協広島では、自ら特例子会社をつくって、障害福祉サービス事業までおこなっています。生協でのこうした取り組みが、今では三～四か所にまで広がっています。そこのＡ型事業所では農業などがおこなわれています。

社会福祉法人が設立した農業生産法人

鹿児島県南大隅町は、一五年くらい前に調査を始めた頃、すでに六五歳以上が四三％と非常に高齢化していました。主産業は農業で、農業粗生産額七四億円の町です。ここにある社会福祉法人白鳩会の総面積は四五㌶もあります。白鳩会はもともと社会福祉法人として始まりましたが、その後、知的障がい者の就職の場として、農事組合法人根占生産組合をつくりました。白鳩会の利用者は二三〇名、スタッフはおおよそその半数おり、農事組合法人には障がい者が一五名おります。一九七二年に設立された白鳩会ですが、その六年後に農事組合法人を設立しました、当時は、農地を借りたり買ったりすることは、社会福祉法人にはできないという認識が一般的であったことから、農事組合法人を立ち上げました。農事組合法人つくることによって、農水省の助成金も利用でき、障がい者の雇用もできるようになりました。私の知る限り、日本で最初に社会福祉法人が農業法人を設立した例だと思います。その後、二〇一四年まで、毎年のように、さまざまな事業所を開設しています。今では、鹿児島市内にまで事業所を開設しています。

就労移行支援事業およびＡ型事業およびＢ型事業の取り組みをおこなっています。ある事業所では、子豚を育てたり、法人で飼育した豚・牛の食肉加工品や精肉を製造して販売しています。お茶の栽培と販売をおこなっている事業所やアイスクリームの製造・販売をおこなっている事業所もあります。農産物の生産、そして加工・販売までおこなっています。

農事組合法人では茶や花苗の栽培、豚の飼育、最近では、ニンニクや大豆の生産にも取り組んでいます。農地は茶畑七㌶、ニンニク畑五㌶、飼料畑三㌶、水田四㌶、加えてトマト・イチゴハウスなどがあり、豚は年間に二〇〇〇頭の子豚を出荷しています。さらに、牛も二五頭出荷しています。

知的障がい者は、指示されたことを繰り返しおこなうことは得意ですが、自分で判断することは難しい、といわれています。しかし、私が訪問したとき、中度の知的障がい者が重機を扱っていました。普通、中度の知的障がい者とされる方は、挨拶を返すことも難しいと言われますが、そんな方が挨拶もしてくれて重機を使って作業をしていました。そのとき、「障がい者」という枠をつくったのは、実は「健常者」と呼ばれる私たちだということが分かったのです。目からうろこが落ちました。彼らの作業する姿をみて、障がいをもっていても、やろうと思えばできるということがわかりました。操作を覚えるのに、私たちの三倍以上の時間はかかりますが、一度覚えれば、私たち以上に丁寧で正確に作業をおこなってくれます。

茶を収穫すると、すぐに製茶工場に搬入し、忙しいときは工場は二四時間稼働します。したがってスタッフは泊まり込みで、交代で作業します。あるとき、そのようにスタッフが働いている姿を見ていた知的障害を持つ利用者（障害者）が、自分にも残業させてほしいと申し出たそうです。彼は、

Ｂ型の事業所にいますので、一般の事業所であればだいたい月曜日から金曜日、朝九時から午後四時くらいまで働きます。しかし、彼は自ら進んで、夜間も土日もやりたいと言って来たのです。そして、先ほどの重機を扱っている障がい者や自ら進んで残業をしている障がい者の姿を見た他の障がい者も、自分にもできるのではないかと思うようになりました。だから他の障がい者も、私にもやらせてくださいということになりました。子豚は一年のうち、いつ生まれるかわかりませんので、スタッフとともに障がいをもっている方もシフトを組んで、夜中の作業なることもあります。作業は、一人のスタッフがいるだけで、あとは障がい者がサポートするシステムになっています。

鹿児島市内の観光地である錦江湾の大きな土産屋には、白鳩会製造のジェラートなどが並んでいますが、あえて障害者がつくったものだとは宣伝せず、他の品物と同じような良い商品として売られています。最近では、市内にカフェもオープンしました。

労働力確保が新しい担い手になる

企業が障がい者の方たちや障害福祉サービス事業へ、仕事をお願いする場合、企業としては、成果として一定以上の量を必要とすることがあります。しかし、一事業所だけではそれが担保できないことが多いため、複数の事業所が共同して受注していこうという取り組みがあります。これは厚生労働省の制度としてあるのですが、それを香川県は農作業の受委託作業に適用しました。よく県の事業を実施しているＮＰＯ法人香川県社会就労センター協議会が農業者から委託を受けて、センターが事業所とマッチングし、再委託をおこなっています。同センターには、香川県内の事業所の八割である約九〇事業所が加入しており、そのうちの二五事業所が農作業に取り組んでいます。

当初は試験的に取り組み始め、二三年頃から本格的に始まりました。忙しいときの農家や農業法人の作業を障害福祉サービス事業所に繋いでいくのです。農家は、こんな仕事をしてほしいとＪＡかがわの生産部会や県に申し出て、それがセンターに集約されるようになっています。そうした情報をまとめて、県の障害福祉課そしてセンターを通じて、県内の事業所に向けて情報を流していきます。試行実施の二二年のニンニク収穫作業を手始めに、二六年にはレタス、タマネギ、青ネギ、バレイショ、小松菜などさまざまな作物やいろいろな作業種類に急速に拡大しています。

はじめはセンターからＪＡのニンニク部会に話をもって行ったものの、農家側はほんとうにできるのか不安でした。しかし、実際に知的障がい者が働いているのを見てもらったところ、そうした心配は払拭され、すぐにいくつもの契約がされました。障がいをもった方たちが働けるという姿を目の当たりにして、農家はお願いしたいと思うようになり、一機に拡大したのです。

作業料金は基本的に出来高払いです。健常者が働いた場合の料金を基準にして、面積あるいは量で決めます。なお最近では、重度の方が多いＢ型事業所に対しても、長ネギの選別・出荷作業については、ＪＡかがわは出来高払いではなく最低賃金を支払うことにしました。

とくに知的障がい者の方には、作業にあたっては工夫が必要となります。そのため農家はこれまで感覚的におこなっていた作業を、分解して、具体的に指示を出す必要があります。やりにくい場合は、道具を工夫したり、作業の流れを工夫する必要もあります。そうしたことに事業所スタッフの協力やコーディネーターの協力を得て取り組んでいけば、しっかり作業ができるようになります。

ある農業法人は、こうして委託することで、売上が一〇倍になったそうです。私の行った調査では、多くの委託をした農家は、高齢化にもかかわらず、栽培面積を増やし、所得も一・二一～一・三倍に増えています。これまで、農家は一人でいろいろな仕事をしなければなりませんでしたが、一部の作業を障がい者が担うと、別の仕事ができ、結果として売上が上がっているそうです。

農福連携によって、農業者にとっては、労働力の確保ができたり、新しい担い手の確保にもつながります。障がい者や事業所にとっては、新しい仕事の場ができ、賃金が上がっていきます。地域にとっても、活性化に結びついています。

総理官邸で障がい者の商品展示

アンケート調査によると、全国で、農福連携に取り組んでいる障害福祉サービス事業所は、三三・五％の事業所が取り組んでおり、今後取り組みたいという事業所は一二・七％でした。農業への取り組みを開始した時期については、特に農水省が福祉農園を整備する施策を始めた頃から多くなっています。

国としては、内閣府、厚生労働省、農林水産省が取り組んでいています。まず、二〇一五年六月に、農福連携キックオフ・イベントが開かれました。これは、農林水産省の駐車場でマルシェを開催し、農水大臣と厚労大臣にも出席していただきました。たまたま、厚労大臣と酒席をともにすることになり、何かできることはないかと尋ねられたので、農水省と厚労省は同じ敷地に建っていますから、庁舎の間にある駐車場で、「障がい者がつくった農産物・加工食品を持ち寄ってマルシェをやりませんかと」提案してみました（私はプライベートで東日本大震災直後、被災地の事業所の農産物をマルシェで販売していました）。すぐにその場で農水大臣に連絡をとってもらって、開催できることになりました。しかし、その数日後に農水大臣が辞任したものですから担当者には繋がらない事態となり、厚労省の事務方は大混乱でした。そこで、農水省の担当者に相談し、農水省の普及のための予算を使って開催しようということになりました。私の関係する多くのメディアに声をかけたこともあって、マルシェは大盛況でした。そこで厚労省としても予算・施策をつくっていこうということになりました。さらに翌年には、厚労省として、もっと大きな規模でマルシェを開催しました。総理官邸では、障がい者の商品の展示もおこなわれました。

このようにいろいろな取り組みが出てきたものですから、国でも日本再興戦略二〇一六のなかに、農福連携を盛り込みました。ニッポン一億総活躍プラン、未来投資戦略にも、農福連携という言葉が入りました。そして、農水省は新たな農福ＪＡＳをつくりました。さらに、白書の特集の一つとして農福連携が取り上げられるようになりました。さらに、冒頭で紹介したように、推進会議が内閣府に立ち上がっています。

　都道府県でもいろいろな取り組みがおこなわれています。それらの予算のおおもとは厚労省がつくったものです。農水省の予算は、「点」として事業所などを支援するものですが、厚労省の予算は「面」として都道府県が意識啓発・普及することを支援する予算です。また、三重県知事が中心になって、農福連携全国都道府県ネットワークを二〇一七年に立ち上げました。各都道府県に農福連携を担当する部署を置くことにしており、これにすべての都道府県が同意して、参加しています。

　これまで、民間での取り組みはさまざまにおこなわれてきました。それらをまとめて、また企業や個人、そして国などが一つになって活動できるような場をつくろうと、二〇一七年、全国農福連携推進協議会が発足しました。その一年半後には法人化（現・日本農福連携協会）しています。

　最近ＪＡグループおいて、農福連携の動きが加速しています。今年（二〇一九年）は、ＪＡグループによる農福連携元年になるのではないかと思います。本年の三月七日、二八回ＪＡ全国大会において、地域の多様な組織との連携強化として、「農福連携に取り組む」という文言が入りました。これによって、全国のＪＡでの取り組みが大いにやりやすくなったと言えるでしょう。全農は全農三か年計画において、労働力支援を本格化させて、パートナー企業と連携した農作業受委託の全国展開などと農福連携にも取り組む、としています。

またメディアでも農福連携が大きく取り上げられるようになりました。二〇一七年、NHKで初めて農福連携の三〇分番組を組みました。翌年には、「農の福祉力」として、一時間のテレビシンポジウムが放映されました。ラジオ深夜便でも取り上げられ、今年は東京エフエムにおいても取り上げています。日本経済新聞では、地域総合面において「強い農業」として農福連携を取り上げました。障がい者が働くことで農業が強くなるということです。ほかの一般全国紙においても、特集が組まれました。天皇陛下が農福連携の現場を視察されたという報道に接したときには、たいへんうれしく思いました。

農福連携の次の段階として「里マチ」

単に、農業と福祉のそれぞれの課題を解決するだけではなく、地域みんなで助け合う社会をつくっていけたらと考えています。これまで、障がい者はサービスを受ける主体として認識されていましたが、彼らに役割を持っていただくことによって、障がい者が社会に光を照らす存在になるべきだと思います。障がい者はサービスを受けながら、サービスを提供する主体でもあると考えていきたいのです。今日は、障がい者が農業に従事する取り組みである、狭い意味での農福連携やその「型」を紹介してきましたが、これらは福祉側の取り組みとして広がってきたものですが、農業側の取り組みとしてはまだ「点」な存在にすぎません。そうした取り組みを「面」なものにしていかなければなりません。そこに必要なのは、特に農業関係者の意識改革です。

農の広がりを考えると、農林水産とエネルギーまで含みます。かつてのお百姓さんがいろいろな仕事をしていたように、林業や水産業との連携も含めていきたいと考えています。福祉についても、要介護認定者、生活困窮者、生活保護受給者、刑余者をも対象にしていかなければなりません。六五歳以上の要介護認定者は、障がい者約九三六万人に対し要介護認定者は約六五〇万人です。生活困窮者・生活保護受給者が約五〇〇万人はいると推測されますから、すべてを合わせると二〇〇〇万人以上が社会的不利な立場にある人たちです。しかし、本当は共に社会をつくり支えることができるので、キョードー者といえます。こうした方々にもどんどん役割をもっていただき、また連携の目的も、就労や就労訓練だけではなくて、レクレーションやリハビリなどに広げていければと考えています。

さらに農福連携を展開していくなら農福商連携、農福工連携、農福商工連携、農福介護連携、農福医連携、農福教連携など、たくさんの連携が考えられます。これら農福プラスアルファ連携のカタチは、地域によって異なってくるでしょう。福祉を中心にしていろいろな産業が連携できれば、地方創生の原型になるのではないかと思います。共生社会という概念はわかるのですが、実際にどのように展開するかがわかりにくい。そこで、福祉を中心に連携していけばいいのではないでしょうか。そうしていく中で、先ほどキョードー者という言葉を使いましたが、最終的には障害者、福祉という言葉をなくしたいのです。

これまでの農業は、モノをつくってその対価を得るものでした。しかし、これからの農業は、モノをつくるだけではなくてサービスを提供する、最近、アグリツーリズムや農泊や食育といったサービス提供の普及が期待されていますので、これからはこうした新しい農業を「農生業（のうせいぎょう）」として取り組んではどうでしょうか。農には大規模・高付加価値な農業だけでなく小農も必要なのです。農福連携は小農を支え、つくります。また農福連携のすごいところは、新しいことが次々に生まれることだと思います。縦割りの仕組みのなかでできなかったことができるようになったり、連携することによって新しいことが次々と生まれてきています。

多様な命がそれぞれの役割を果たす社会をつくっていくには、農福あるいは農福プラスアルファ連携によって、地域を元気にしていくことが大事だと思っています。そうして最終的には、「里マチ」をつくっていきたいと考えています。「里マチ」とは、障がい者を含めた多様な人間がその役割を果たせる社会であり、自然と人間が共生する社会です。厚労省の政策でいうと共生社会であり、環境省の政策でいうと森里川海プロジェクトです。農福連携の次の段階として、そうした里マチを地域のなかにつくっていきたいと思っています。

（はまだ　けんじ）

❖農林水産省における農福連携の推進について

農林水産省都市農村交流課 課長
豊 輝久

農林水産省都市農村交流課で農福連携を担当しています、豊と申します。

農福連携は、障がい者などの農業分野での活躍を通じて、自信やいきがいを創出し、社会参画を促す取り組み、と考えております。厚生労働省と連携をして、農業・農村における課題と福祉における課題を解決し、双方にメリットのある、ＷＩＮ－ＷＩＮの取り組みです。

農業者はどんどん減ってきており、耕作放棄地も年々増えてきて、佐賀県と同等の面積、二八万㌶に達しています。農業・農村の課題としては、農業労働力の確保は喫緊の課題ですし、荒廃農地の解消も大事です。

農福連携が実施できると、農業労働力の確保という意味では、ひじょうにありがたいことですし、荒廃農地の拡大防止や地域コミュニティの維持機能ももっています。障がい者の方たちが少しでも農業分野に入っていただければありがたいと思っており、その「ねらい」としては、農業生産における障がい者等の活躍の場の拡大、そして農産物の付加価値の向上もあります。農業生産をおこなう際に、障がい者の特性に応じた分業体制を考え、丁寧な作業等をしていただきますと、農産物の質が上がり、それによってブランド化もできるようになります。もちろん、農業を通じた産地の育成につなげていきたいと考えています。

最近では、四九歳以下の新規参入者が年間三万弱いますが、そうした若手農業者にとって最も関心の高いのが、労働力の確保です。規模拡大に向けて重要な農地の集積、生産資源を上回って、関心が高くなっているのです。働いてくれる人をいかに確保するかが非常に大きな問題となっているのです。

企業一二五〇社へのアンケート調査の結果によると、何らかの形で障がい者を雇用しているのは、約一割でした。最も多い雇用人数は一名でした。なぜ雇用できなかったのかを聞くと、雇用する際に不安や心配がある、障がい者に適した業務の特定や開発ができない、障がい者の事故やケガが心配という答えがありました。障がい者の雇用に対する情報や支援に対しては、障がい者雇用の支援制度に関する情報や農業技術に関する情報があげられています。一方、社会福祉法人は全国で一万五千強あり、そのうち農業に取り組んでいるのは三三％くらいです。ただし、二四万人の認定農業者への調査では、農業経営体で障がい者雇用をしている所は一〇〇〇程度でしかありません。農協での取り組みもまだまだ少ないと思われます。農林水産省としては、農業側の取り組みを拡大していくことが、まずおこなうべきことだと考えます。

農業にとって、農福連携の効果は、農業生産が拡大できたり、耕作放棄地の拡大が防止でき、生産額も上がるなど、さまざまあります。それによって、障がい者の工賃も上ります。

もともと農水省において、農福連携の支援制度は都市農業対策のなかにあって全国展開する政策ではありませんでした。これが、平成二九年度から全国展開させることになり、取り組みが伸びてきました。農山漁村振興交付金（農福連携対策）においては、ハード対策として、社会福祉法人等が福祉農園の整備をする際に交付し、また、農業経営体が障がい者を受け入れるために休憩所やトイレを建設する際に支援をします。ソフト対策として、障害福祉事業者に向けての農業技術修得の研修や作業手順のマニュアル化などに支援しています。

また、農業経営体が障がい者を受け入れる場合、就農を希望する障がい者に福祉の観点からの分業の仕方についての支援をおこないます。本年からは、農福連携人材育成支援事業として、農福版のジョブ・コーチを育成、あるいは農業と福祉事業所のマッチングのためのコーディネータ育成の支援をおこなっています。

静岡県浜松市の京丸園では、一〇〇人のスタッフのうち、二三名の障がい者が働いています。平成九年に知的障がい者を初めて雇い、当時は年間六千数百万だった売り上げが、昨年度は約四億円となりました。障がい者の分業をしっかりとおこない、障がい者が入ることで作業工程を見直したために、効率が向上し、さらにＧＡＰを取得しています。

岩手県一関市の農業天国（社会福祉法人平成会）では、耕作放棄地を再生し、地域農業を復活させています。再生産農地二一・八㌶のうち一三・一㌶を借り受けて、主にサツマイモの栽培をおこなっています。年々、干しイモの生産が増えてきています。

このように、農福連携によって耕作放棄地の再生をおこない、地域コミュニティの再生にもつながり、それが生産量の増加にもつながっています。

内閣府に発足しました農福連携等推進会議の有識者会議の初会合が、明日、開催されます。有識者には、ＴＯＫＩＯの城島さんや京丸園さんをはじめ、全中の中家会長、経団連の佐藤副会長にも入っていただいています。これは、農福連携への取り組みの立ち上がりに大きくつながるものと思っております。そして、五月を目途に推進方向をまとめたいと思っています。農林水産省も関係省庁と連携をとって、農福連携を農業分野で大きく広げていくことを盛り込んでいきたいと考えております。

❖厚生労働省における農福連携の推進について

厚生労働省障害福祉課 課長
源河　真規子

まず、障害者関係データとその支援施策をご覧下さい。

知的障がい者の方は比較的年齢が若く、六五歳未満が八四％、身体障害者あるいは精神障害者の方は、年齢がある程度経過してから発症される方が多いことから、知的障害者に比べて六五歳未満が少なくなっています。ただし、全体として重度化・高齢化が進んできているのが、今の状況です。

障害福祉サービスには、居宅介護、重度訪問介護等いろいろなサービスのなかに、就労系サービスも位置づけられています。

福祉関連の事業所数については、A型の事業所が三七九四、B型は一二二八五で、合計一万五千くらいになります。このうち三三・五％が農業に取り組んでいるとされています。

さまざまな障害福祉サービスのなかで、障害種別（身体障害、知的障害、精神障害）毎にどのくらいの利用者がいるかをみると、A型では、精神障害者の割合が最近増えており、B型では知的障害者の割合が多くなっています。

賃金、工賃の状況を見ると、雇用契約を結ぶことになっているA型の事業所の賃金は全国平均で七万四〇八五円ですが、都道府県で差があり、たとえば長野では八万五八七四円、京都は八万八一四八円と必ずしも大都市圏で高いというわけではなく、がんばっている都道府県は高いということが言えます。鳥取県は、二八年度から二九年度に平均工賃を一〇〇〇円以上上げました。

障害福祉の事業所における農業活動の取り組み状況をみると、三三％の障害福祉事業所で農業活動に取り組んでいます。農業活動開始時の課題としては、農業技術の取得や農業技術のある指導員・人材確保などがあげられています。障害者福祉事業所が農業に取り組もうと思ったときに、やはり農業技術が大きな課題だということがわかります。障害福祉事業所は福祉の知識はあるものの、農業技術を有しているところはそれほどありません。

農業活動による効果はもちろんあると答える事業所が多いのですが、障害者本人にどういう効果があったかを聞いたところ、多いのは、就労訓練になったことがまずあげられ、次に、地域住民と交流ができるようになったことがあげられています。

A型事業所である神奈川県の進和学園ではジュースやジャムを作っています。当初は、障害者が作ったものとして買っていただけますが、やはりリピーターになっていただくためには付加価値のある製品が必要になります。ここでは、トマトジュースやみかんパンなど、工夫して商品づくりをおこなったことで、リピーターが多くなっています。平均月額賃金は一四万五〇〇〇円と、全国平均の七万円程度の二倍を確保しています。

同じくＡ型事業所の北海道の九神ファームめむろでは、ジャガイモの生産・加工をおこなっています。一般的に北海道は賃金が低いのですが、そのなかでも、平均月額賃金一〇万八〇〇〇円を確保しています。芽室町では、町をあげて障害者福祉に取り組んでおり、その一環として取り組まれています。

一方、Ｂ型事業所の福島県の「こころん」では、地元の農家と協力して、農家から請負で作業をおこなっており、平均月額工賃二万六〇〇〇円を確保しています。また、石川県の佛子園では使われなくなった畑を耕して、そこでカボチャとブドウなどを作って販売しています。農業をおこなうことによって、高齢化や過疎が進んでいる地域で、農家から作業を請け負い、農家から技術指導を受けることで、地域との交流が生まれるようになります。したがって農福連携は、地域共生の観点からも非常に注目されています。

厚生労働省では、平成二八年度から、障害者就農促進プロジェクトを開始しており、厚生労働省から都道府県に一〇分の一〇で補助をして、都道府県が中心になって取り組んでいただいています。都道府県が民間の団体に委託することもありますが、各都道府県の実情にあわせた補助内容を選んでいただいています。その内容には、農福連携推進事業として、農業技術に係る指導者・専門家を派遣する事業、農福連携マルシェを開催する事業、意識啓発のためのセミナー開催などの事業、そして農業者生産者と障害福祉事務所のマッチング事業です。これらの事業の取り組み状況をみると、とくに三重県では熱心に取り組まれていて、三つの事業に取り組んでいます。京都、長野などでもいくつかの事業に取り組んでいます。

なお、農林水産大臣、厚生労働大臣とも農福連携には非常に熱心で、高い関心をもっていただいています。厚生労働省には農業に関する知識はあまりありませんが、根本大臣は非常に積極的に取り組んでおられます。三月二八日には、大臣が各業界関係者と意見交換をおこなう政策対話を開催しましたが、その第一回のテーマに農福連携を選ばれました。出席者として、社会福祉法人や特例子会社で農福連携に取り組んでおられる方をお呼びしました。また、皆川元農林水産事務次官を厚生労働省の参与に任命してご活躍を頂いています。このように、厚生労働省と農林水産省とで連携をして取り組んでまいりたいと思っています。また、法務省では、とくに刑務所からの出所者の農業への取り組みを非常に熱心に取り組まれています。

林業や水産業への広がりも一部で見られており、長野県では林業での取り組みがおこなわれていますし、鳥取県では水産業において取り組みが進んでいます。このように、さまざまな分野に広がることで、障害者や高齢者などいろいろな方々が活躍できるようになればと思っております。

〈質　疑〉

――東京オリンピック・パラリンピックの開催にあたって、農産物の調達基準には、障がい者が積極的に関わったものという要件も見られます。ＧＡＰとの関係も含めて、そうした部分への取り組みはどのくらい進んでいるのでしょうか。

濱田　調達基準には、障がい者が主体的に生産したものを提供するとしていますが、ＧＡＰをしているかどうかが一つの基準になっています。ＧＡＰには、ＧＬＯＢＡＬ・ＧＡＰ、ＡＳＩＡ・ＧＡＰ、ＪＧＡＰ、都道府県ＧＡＰなど、さまざまあります。ただし、とくにＧＬＯＢＡＬ・ＧＡＰの取得はたいへんですので、日本のＧＡＰについては、取得しやすいように調整しているようです。そうは言っても、高額な審査料などの課題もあって、障がい者の事業所には負担が大きいようです。その意味では、都道府県ＧＡＰが適当なのですが、都道府県によっては創設していないところもあります。また農福ＪＡＳを考慮していただければ、もっと提供しやすくなるのではないかと思っています。なお、こうした調達基準は、基本的に選手村への供給ですので、間に介在するケータリングサービス会社での取り扱いがどうなるかによります。そういう意味では、まだまだハードルは高いのですが、農福連携関係者としては、いろいろな形で使ってもらえるようなことを考えているところです。

――農福連携の外国での取り組みはどうでしょうか。

濱田　ドイツでは、障がい者雇用については、日本とそれほど変わらす、それほど進んでいません。ただし、教会やシュタイナー教育の実践者によるコミュニティにおいて、障がい者を雇用していることが多いようです。たとえば有機農業団体と提携しているコミュニティでは、障がい者が一緒に働いて生活し、そこで一生を終えるという形になっていました。また海外では、どちらかというと「ケア」であり、日本のように就労の場としては考えられてはいないようです。

――ＪＡにとって農福連携元年、とおっしゃいましたが、どのような状況からそのように思われたのでしょうか。

濱田　まず、全中と全農が、計画の中に文言として掲げたことがあります。とくに、全農での取り組みが始まりつつあり、単協でも具体的に取り組めるような仕組みが提供されると思います。さらに、現在現場で取り組まれているＪＡの話が広がっていけば、どんどん活動が拡がっていくでしょう。現場でＪＡが農福連携に取り組んでいるのは、すでに五〇程度あるようです。もともと、直売所で障がい者がつくった農産物はこれまでもごく普通に販売されていると思います。ＪＡにとって社会貢献は当たり前のことですので、農福連携についても、それと意識せずにすでに取り組んでいると考えられます。

就労という観点からの取り組みはまだ少ないかもしれませんが、全体の方針として農福連携が掲げられたことには非常に大きな意味があると思っています。

―― 栃木県のこころみ学園では、重度の障がい者が働いてブドウを栽培してワインをつくっていました。障がい者が丁寧につくって製品に付加価値をつけて販売することは非常に有効だと思います。農福ＪＡＳは、どのような観点から策定されるのですか。

濱田　ここのみ学園は、初めて、重度の障がい者が外で重たい農作業を行うことを示した所で、先ほどの白鳩会の代表が農業に取り組むきっかけが、その様子を見て衝撃をうけたことだと言っていました。ワインも、フランスのシャンパーニュ地方とまったく同じ方法で造っています。農福ＪＡＳについては、障がい者が造ったものだから買ってほしいということではなくて、良いものだから買いたいとなるよう、一つのブランディングが必要だと考えています。その一つが、ＪＡＳです。生鮮品とその生鮮品を用いた加工食品を認証します。

豊　農福ＪＡＳについて申し上げますと、三月二七日に制定し、現在その普及方策を企画しているところで、七月から八月くらいに広がりが出てくるのではないかと思っています。良い物をつくっていて、それに障がい者が関与しているのであれば、ＪＡＳ規格という形でブランド化をして、世の中に広めていこうという主旨で制定いたしました。農福ＪＡＳが、ＧＡＰの代わりになるところまではまだいっていませんが、このマークがつくことによって、障がい者のつくったものが世の中に拡がり、それが社会参画につながるという、ＰＲの意味合いもあります。障がい者が作ったから高くても売れるという時代ではありません。やはり、ビジネスとして成立できるような一つのツールとして農福ＪＡＳを使っていただければありがたいと思っております。

――農福連携のなかで農業をしている障がい者の人数はどのくらいですか。

濱田　だいたい五〇〇〇の障害福祉サービス事業所が農業に取り組んでいると考えられますが、事業所のすべての障がい者が農業をしているわけではありませんので、あくまで推測ですが、事業所で就労する約三〇万人の三〇％くらいとして一〇万人くらいではないかと思います。もっとも、農業に取り組んでいる事業所でも、いつも農業をしているわけではなくて、ほかの作業をしていることもありますので、実数の把握はなかなか難しい。農水省においても、今のところ抽出調査しかありませんので、全体としてどのくらいの数が農業をしているかは把握できてはいません。

豊　データに基づいた政策を展開するうえで人数の把握は大切ですが、悉皆調査は難しいですが、一定のサンプルによって統計上の予測値を把握してみたいと考えております。認定農業者二四万人を把握している、全国の農業普及員にアンケートをとってみたところ、あがってきたのが一〇〇〇程度でしかありませんでしたが、今後は、農業者で雇用している障がい者の数、農業者が作業請負に出している数、マッチングの数なども調べていこうと考えています。

――日本の農福連携の取り組みは、世界的に進んでいるのでしょうか。また、内閣府で会議が開かれるようですが、政治に何を期待すればいいのでしょうか。とくに、農業のもつ教育的機能の活用についても議論されていくべきだと思います。

源河　厚生労働省としては、今問題になっている、引きこもりの方にも農福連携は意義があると考えています。農業をしてみて何が良かったと障がい者の方に聞いてみると、青空の下で自然と触れ合いながら働くことに意義があるとしています。刑務者への農業の活用に法務省が熱心に取り組んでいるのも、農作業で開放的な気分になるということがあるようです。従って、障がい者だけでなくて、引きこもりの方や刑務者など、いろいろな方に向けて、農福連携の「福」の部分の広がりが出てくると思います。官邸の会議に期待することがあるとすれば、やはり機運の醸成ではないかと思います。農福連携という言葉ができたのは二〇一五年ですが、その後、広がりはあるものの、まだ踏み込むことに躊躇している関係者も多いと思います。いろいろな事例を示すことで、機運を醸成し、かつ農と福の分野でも広がりをもたせて、地域活性化につなげていくことが期待されます。

豊　官邸の会議への期待については、農水省としても同様ですが、現時点で、農福連携を拡げるためにはどのような課題があり、その課題を克服するには何をすればいいか、そうした方針をつくって、協力に進めていきたい、そのための会議にしていきたいと思っておりま す。文科省の初等中等課長も参加しておりますが、直接的には、特別支援学級において、農業に関する教育への協力や、特別支援学級の卒業生に農業に就いていただけないだろうかという思いがあって、参加していただきました。農業の教育的機能を活用していくプロジェクトも農水省の事業で進めており、それらと併せて取り組んでいきたいと思っております。なお、生活困窮者と引きこもりの方については、平成三一年度から、農福連携対策の対象に加えました。

濱田　いろいろな人たちが社会で活躍できる場をつくっていくには、障がいをもっている方たちが働けるんだということを知ってもらうことが大事で、それが農福連携だと思います。それには、教育に関して文科省とも連携が必要ですし、場合によってはいろいろな地域のインフラを整備する国交省との連携も良いでしょう。地域にはさまざまな課題があるはずで、そうした場面では内閣府が旗を振ることに意味があると思います。また障がい者がつくったものを消費者に買ってもらうことは、多くの人々に障がい者理解を広めるうえで非常に大きな意味があります。そして障害者が自立するためには、やはり商品を買ってもらう必要があります。

実は、世界の中で、障がい者に対する基本制度がしっかり整備されている国はまだまだ多くありません。さらに福祉に関して先進国といわれる国においても、とくに重度の障がい者が働いているところはあまり見かけません。その意味では、日本の農福連携は先進的な取り組みだと認識しています。

最近、農福連携として注意しなければならいことがあります。今、東京などの都市では障がい者の奪い合いが起きています。法定雇用率の達成があるうえに、さらに国などの機関でも雇用を増やそうとしたため、障がい者の奪い合いが起こっています。会社としては、法定雇用率が達成できずに社名が公表されることを避けたいので、どうしても雇用しなくてはなりません。そこで、そうしたニーズを狙って、某企業が地方において地域農業とは関係なく簡易な農作業をする場を用意し、ニーズを持っている都市の企業に農作業の機会を提供し、地方の障害者を雇用するというビジネスモデルが出てきています。これは地域で生産物が売られることもなく、耕作放棄地を再生するものでもなく、障害者は地域との交流もまったくありません。このモデルは私たちが求めてきた関係する人々や地域がすべてがハッピーになる本来の農福連携の姿ではありませんので、注視していくことが必要です。

（二〇一九・四・二四）

障がい者雇用から見えてきた農業活性化のヒント
――ユニバーサル農業の可能性

京丸園株式会社 代表取締役
鈴木 厚志

ご紹介いただきました京丸農園株式会社の鈴木厚志と申します。よろしくお願いいたします。

国では農福連携という言葉を使っておりますが、言葉の使い方が少し違っていて、ユニバーサル農業というのは、静岡県や浜松市が行政用語として使ってきている言葉です。今から一五年位前にこの言葉ができていて、浜松市の農業指針のなかにもユニバーサル農業の推進という言葉が使われていたり、静岡県のなかでは、ユニバーサル農業あるいはユニバーサル園芸として、農業施策のなかに用いられている言葉です。私としては、この言葉を農福連携とは区別しています。農福連携というのは、農業と福祉を含めて、大きな括りで捉えていただければいいと思います。

一方、ユニバーサル農業というのは、しっかり分けられていて、農業分野に福祉という考えを入れた場合、「農業がどうよくなりましたか」ということを具体的な指標で表せることが大きな違いとなります。障がいをもった人たちが、農業現場で働けてよかったというのは、確かにいいことには違いありませんが、ユニバーサル農業の考え方では十分ではありません。彼らの力を農業分野に投入したときに、どう農業がよくなったのか、面積が拡大した、利益が増えた、あるいは農業者にゆとりが増えた、そのように具体的な数値で表現できなければならないものです。農業をどう活性化させていくのかというときのテーマがそこにあるのです。したがって障がいをもった人たちのためにということではなくて、農業活性化のなかに福祉をどう利用させていただくか、もっと言えば、福祉の力を借りるという関係性のなかにユニバーサル農業があります。

　農業の関係者は、障がい者とか福祉のことをあまりよくわからない。一方、福祉の関係者の方は、障がい者にどうやって農業をやってもらったらいいのか、農業でどうやって稼げるのかわかりません。そこで、農業の関係者と障がい者の関係者が連携していこうというのが農福連携です。農福連携を実行することで、農業と障がい者福祉、それぞれが抱えている課題が解決できるということがわかってきました。そういうことで、だんだん注目されるようになってきているわけです。

　農業就業人口は、平成七年からの二〇年ほどで半数にまで減少しています。同時に、高齢化も進んでいて、平成二七年の調査では、六五歳以上の高齢者が六四％近くまでになっています。あわせて、耕作放棄地もすごく増加してきています。全国に占める耕作放棄地の面積は、なんと富山県の耕地面積と同じになっています。そこまできてしまっているわけです。

一方、障がい者福祉の課題は、多様な働く場の確保と賃金・工賃の向上です。とくに、多様な働く場の確保という面では、具体的には、身体および知的障がい者は約七七八万人で、そのうち一八歳以上六五歳未満の方は三二四万人います。これに対して、企業就労の方々は四五万人で、福祉事業所で働かれている、いわゆる福祉就労の方は二四万人です。そして、福祉事業所で一か月にもらえる工賃は最近上昇してきているとはいうものの、平均で一万四四三四七円と大変低い状況となっています。実際、農業と福祉サイドが協力し合うことで、それぞれが単独では解決することができなかった問題を乗り越えた事例が出てきています。人手が足りない農業と働く場をどう確保し賃金の向上を求める福祉が結びつく農福連携ということは、双方にとってウィン・ウィンの関係に向かうと考えられています。

「笑顔創造」の理念を掲げて

農家の方々がしている作業のすべてを障がい者が一人でやろうとするのはなかなか難しいですが、障がい者がチームを作って、苦手なところはやらなくても得意なことをやるようにして作業分担をする。そうして、農業をおこなうことは可能です。うちで野菜を作っているのは、さまざまな障がいがある人たちです。障がいのある人が、それぞれできることを分担して仕事をしています。体に麻痺のある人は、機械を使って道具を洗う作業を。人とかかわるのが苦手な人は、広々とした空間で単独で苗を植え付ける作業をします。自分の力を発揮しやすい仕組みさええ整えてあげれば、彼らの能力をすごく発揮できるのではないかと思っています。

当初、障がいをもっている人たちというのは、仕事ができないと思っていました。ですから、面接なんかに応募してくると、障がいがあるというだけで、もう無理だと思ってしまっていました。

障がいをもった方が面接にこられるとき、母さんが一緒に来られることが多いのですが、お断りをすると、お母さんが「私も一緒に働きますから息子だけ雇ってもらえませんか」と言いました。それもお断りをすると、今度は「給料はいらないから働かせてほしい」とまで言いました。給料はなくても働きたい、私はその意味がとても気になりました。そうして、寂しそうに帰っていく親子の姿が目に焼き付きました。働く喜びや生きる希望を我が子に与えたい母の気持ち。「笑顔創造」という言葉を経営理念に掲げながら、それでも雇えなかった自分を恥ずかしく思いました。働く場がない彼らのために、少しでも何かできることはないか。そこで、応募してきた障がいのある若者を初めて一週間受け入れてみました。

最初は、パートさんから一緒に働きらくたくないと言われたらどうしようか。障がいをもった子たちが、職場でいじめられるんじゃないかという不安はありました。しかし実際には、むしろ周りの人たちが障がい者を助けるという行動が生れて、それにはびっくりしました。それがすごくいい雰囲気でした。人をサポートするというのはまさに優しさの現れです。

そればかりか、障がい者がハウス内を丁寧に掃除してくれるおかげで虫が減り。農薬の量が減ってきました。彼らが掃除してくれることで、ハウスの中がきれいになって、そのうちに農薬がゼロになって、無農薬栽培が可能になりました。これまでの農業の無駄や盲点に気づかされ、いつの間にか、作業効率が向上していきました。生産量も増加していったのです。

そうして、経営者として、ボランティアの気持ちからではなく、ビジネスパートナーとして彼らを迎え入れようと決心しました。その後、一年に一人ずつ障がい者を受け入れ、一九年経った現在、二四人が働いています。心がけたのは、「できるか」ではなく、「何ができるかを」を見つけることです。

人ひとりにあった作業をみきわめれば、障がい者は驚くほど丁寧かつ正確に進めることができます。こうして作られた野菜は、その品質の良さから自社ブランドとして評価され、京丸園では、障がい者が欠かせない勢力であることが証明されました。彼らの力が人の役に立つかどうか、受けるのはその後なんだ、という考え方。まじめに働く姿勢や働く意味を僕らも教わって、僕らができることとして、挑戦する一つのきっかけになったと思います。

ユニバーサル農業への取り組みと理念

私は、静岡県浜松市で生まれて、一三代続く農園の長男に生まれました。静岡県立磐田農業高等学校、県立農林短期大学校を卒業しています。農家の長男がいくべき道を行って、就農しました。父親のやっている農園に入ったわけですが、三〇歳のときに転機がありました。三〇歳のときに、このまま忙しい農業をやり続けていていいのだろうかと悩み始めました。

そんなときに、「農業者ではなくて、経営者になるべきだ」とアドバイスしてくれました。経営というのは数字のことだとばかり思っていましたが、「経営とは逆算」なんだと教わりました。ゴールを決めて、現在地点からどうすればゴール地点へ行けるかを考えることが経営だと言われました。日々忙しく、種を播く、収穫して市場へ持って行っていれば、作業はこなせるし、技術は高まるかもしれない。

しかし、経営者として、どういう農業をやりたいのかというビジョンや目標を持たずに農作業をひたすらこなすだけだったために、ずっと迷いながら仕事をしていた面もありました。大事なのは、なぜ農業をやるのかという目的・理念であり、それを明確にしなければなりません。

そして、経営理念としてつくったのが「笑顔創造」でした。目の前にいる人たちに喜んでもらえる仕事、そういう生き方をすれば、きっと自分も幸せになれるのではないかという思いからでした。同時に、戦略、戦術を常に考えるのが経営者だと教わりました。今でもそれらを考え続けながらやっています。

その理念をつくっているときに、障がいをもった人たちと出会いました。最初は採用を断っていました。しかし、一緒に面接にきたお母さんが、「私も一緒に働きますから、ぜひ息子をなんとか」と、それでも断ると、最後には給料はいらないから働かせてくれと言います。当時、三〇歳だった私はその言葉の意味がまったく理解できませんでした。働くのは金を稼ぐためだと思っていましたから。その言葉がいつまでも私の心のなかにあって、いったいどういうことなんだろうと思っていました。なぜ、障がいをもった人たちが、家族でやっている小さな農園に応募してくるのか。社会保険にすら入っていないようなこの農場になぜ障がいをもった人たちが来るのかもわかりませんでした。

あるとき、福祉施設に勤めていた友達に聞いてみました。なぜこんな小さな農園に勤めにくるのか、そして給料は要らないという、その言葉の意味です。そうすると、友達が教えてくれました。今まで障がい者を雇ってくれていた工場がどんどんハイテク化して人の労働が要らなくなっている。細かな仕事は、みんな海外に行ってしまった。彼らの働きの場がどんどん減っている、ということでした。かつては、家族でやっている食堂があって、そういうところで皿洗いなどの簡単な仕事を障がいをもった人たちがやってくれていたのですが、今では、そうした食堂もなくなってしまって、多くは外食チェーン店であり、そうしたところではマニュアル通りに働けないとアルバイトでも雇ってもらえません。まして今では、アルバイトでも、接客ができて、レジも打てないと雇ってもらえない。一人で、二つも三つもの仕事ができてやっとアルバイトでも雇ってもらえる。そんなところに、障がいをもった人たちは入れません。そうして、障がいをもった人たちの仕事の場がどんどん減っている。

きっと、障がい者のお母さんは、農業に彼らの働きの場があるのではないかと思っているのではないかということでした。

給料が要らないということの意味はどうなのか。そうしたら、友達にこう聞かれました。「この世に無駄な人は一人もいない、ということを聞いたことがあるか」と。障がい者のお母さんは、それを信じているので、障がいをもって生まれてきた子でも、きっと何か役割があるに違いないと思っているんだと。だから、断られても断られても、新たに履歴書を書いて、会社に頭を下げて、お願いしている。その話を聞いて、金のために働いていたこれまでの自分がすごく薄っぺらいと感じました。障がい者の人たちが働くということは、自分の力を人の役に立てたいということなのです。その対価としてもらえるのが給料だという考え方です。これが正しいと思います。私は、働いたらお金をもらわなければ損だと考えていましたが、障がいをもった人たちは、自分の力が人の役に立つことが第一なんです。それが、自分にとっての働きで、それで相手が喜んでくれるなら、その対価として給料としてもらえるのではないかと考えているのです。これこそが、まともな人間の考え方だと思いました。

そういう考え方をする人たちといつも一緒にいれば、ゆがんだ自分も少しまっすぐになるのではいかと、最初はボランティア的な気持ちで、障がい者に農場へ来てもらうことにしました。そうはいうものの、障がいをもった人たちが職場のなかに入るということは、いじめがあるのではないか、パートさんが一緒に働きたくないと言い出すのではないかなど、心配がありました。しかし、そうした心配事も起こらず、逆にパートさんたちが障がいをもった人たちを支えてくれるようになりました。これは、自分でも想定外でした。そのように一人ひとりが優しい行動をすると、職場の雰囲気がよくなり、作業効率がぐっと上がりました。農業には手作業が多いので、場の雰囲気で作業量は大きく変わります。たとえば、夫婦喧嘩をしているときは仕事はぜんぜん進みませんが、仲がいいと、順調に仕事は進みます。そのとき、初めて、ボランティアではなくて、彼らをビジネスパートナーとして迎え入れて、彼らの力を借りて自分たちの農業を変えられるのではないかと思いました。これが、ユニバーサル農業の考え方のスタートとなりました。今日は、その事例を知っていただきたいと思います。

家族経営からいま一〇〇人が働く京丸園

私が三〇歳のときに、うちの農園は、祖父母、両親、私、そして妻の家族六人の労働力と四人くらいのパートさんでやっていました。それから二五年経って、今、一〇〇人が働く農園になりました。一〇年前に法人化をして、会社になりました。障がいをもった人たちを、一年にだいたい一人ずつ雇用してきたので、今二五人働いています。知的障がい者、身体障がい者、精神障がい者、発達障がいなどいろいろな障がいをもった人たちがいます。うちの農場の年齢と男女比を見ると、最高齢は八二歳、下は一七歳です。男女比は四対六。このバランスをどう整えるかが、うちの農業を持続的にどう強くしていくかにとって最も重要だと考えています。私の夢は、九〇歳の人が働ける農園を作ることです。九〇歳の人たちが働けるようにするにはどうすればいいかというと、障がいをもった人たちに来てもらって、彼らが働くときに起こる問題を早めに解決しておけば、九〇歳の人たちが働けるような農場もできるのではないかと思っています。農業が何千年にわたって続けられてきたのは、組織の最小単位といわれている家族で生産をけん引してきたからです。そう考えると、今後家族経営が大きく拡大していくことはないにしても、企業体のなかでワークバランスをうまく作り出すことができれば、もっといろいろな人たちが働ける。女性が、高齢者が、若い人たちも働ける。そうした職場で農業が支えられているというかたちが作り出せれば、日本の農業はもっと強くなると思っています。

そうした自分の夢を達成させるために、障がいをもった人たちに農場に来てもらって、そこで起こる課題を早めに解決する。そうすれば、私の夢はかなうだろうと思います。そういう考え方が、ユニバーサル農業の考え方です。

うちの農場には、土耕部と水耕部、心耕部という部署を設けています。従業員数は一〇〇で、健常者七五人、障がい者二五人います。ほかに、特例子会社と作業委託契約を結んでいて、その会社の障がいをもった人が一〇人、うちで働いています。地域のB型福祉施設からは三人が毎日うちの農場で働いています。全部で一一三人働いているなかで、三八人の障がいをもった人たちが毎日うちの農場で働いています。

芽ネギ、チンゲンサイ、ミツバを水耕栽培で作っています。土耕部では、田んぼにアイガモを放して無農薬のお米を作っています。土耕部では、田んぼや畑でお米やサツマイモを作っています。水耕部では、水耕野菜。そして、土と水を耕したら心も耕そうと心耕部という部署を設けていて、ここに障がいをもった人たちが所属しています。売上の九九％は水耕部のもので、土耕部はこれからの展開を目指している研究開発の部署でもあります。

障がいをもった人たちが一定程度いて、その部署ができると、一般的には、その位置づけは、たとえば工場であれば、工場長の下に障がいをもった人たちが組織化されることが多いと思います。しかし、うちでは心耕部のほうが土耕部や水耕部より組織上の上位にあるので、障がいをもった人が農園に採用されると、心耕部長は水耕部長に、この子を働けるようにしてくれと指示します。農場を工夫して、この子が働けるようにしてやってください、となるわけです。障がいをもった人を入れることによって作業を改善して、今よりももっといいやり方をしなさいという命令です。実は、そうして初めてヒトの脳は動き出します。障がいをもった人に「早く作業に慣れてくれ」ということは、従前農業のやり方は変えないということにほかなりません。ほんとうに変わりたいのは、障がいをもった人ではなくて、私たちなのです。農業就業人口が減って、農業が衰退しているのをどうやって止めるか。農業を活性化しいくには、農業が変わらなければならないのです。障がいをもった人たちが頑張って働けるようになるのは、農業が変わってはいないわけで、決して農業が発展したとは言えません。そこに、ユニバーサル農業の考え方の視点があります。

農場で、白いトレーを洗う作業

農場での作業をいくつか紹介します。うちの農場には白いトレーを洗う仕事があります。一日一〇〇〇枚ほどを洗う仕事ですが、こうした仕事なら障がいをもった人でもできるだろうということで、特別支援学校に電話して、仕事をやってみますかと聞いたら、生徒にぜひやらせてくれということでした。試験的に一人の実習生に来てもらって、スポンジを持たせて、きれいに洗ってくださいと渡しました。一時間経って、どのくらい洗えるか見たら、その子は最初に手にしたトレー一枚をずっと洗っていました。それを見て、仕事ができない子が来てしまったと思い、学校に電話して、もう少し仕事ができる子を出してほしいとクレームをつけました。先生は最初は謝りましたが、私の指示の仕方を聞いて、逆に怒り出しました。そんな作業指示を出しいるから、農業は衰退するんだとまで言われました。

たとえば花に水をやるときに、農家は「ちょっと水をかけておいて」と言いますが、それで作業のやり方がわかる人はいない、と言われました。作業指示は、具体的で、相手に伝わらなかったら何の意味もない。それを、農家は、見て覚えろ、体で覚えろというふうに言ってきた。だから、技術が継承されず、人に仕事を手伝ってもらえない。だから衰退するのだと。

指摘されたように、日々の私たちの言葉はきわめて抽象的です。例えば、「きれいに」という言葉も抽象的で、それを作業指示に使ってはいけなかったのです。それで、自分たちがきちんと支持を出せていなから、自分たちの技術を伝えられない、自分たちの仕事を手伝ってもらえないという構図が、初めて自分にもわかりました。そこで、先生に頭を下げて、福祉関係者はどのように作業指示を出すのかを聞きました。たとえばスポンジで五回こすってください、というように、具体的な数値を指示することだと言います。これが福祉の方たちの考え方でした。農業も経験や勘ではなくて、ちゃんとした指示が出せるようになれば、もっといろんな人たちに仕事を手伝ってもらえるようになります。そうして、福祉の方たちの知恵を借りることになりました。

もっとも、全部のトレーを同じ回数をこすっていたら、時間がかかってしょうがありません。そこで、ブラシを回転させる機械を作り、二回通すことで洗えるようにしました。これを使えば、プロの私がやっても、障がいをもった人がやっても同じように洗えます。トレーのどこをもって、どこに通すという具体的な作業指示ができ、きれいにすることは機械がやります。農業にちょっとした機械や道具を使って、具体的な作業指示ができるようにすればいい。忙しいときには、私もトレーを洗っていましたが、それが障がいをもった人たちの仕事になったことで、私は経営者にしかできない仕事をしたほうが価値が上がります。そういうふうにして、自分たちの農業のやり方を変えていけるのではないかというのが、ユニバーサル農業への取り組みのなかから出てきました。

芽ネギという寿司のネタに使う野菜は、毎日定植する作業があります。育てた苗の束を用意して、苗の緑の部分に触らずに素早くまっすぐに植えなければなりません。それには、指先に神経を研ぎ澄ませて、素早く植えていきます。この作業は、パートさんのなかでも器用な人にやってもらう仕事です。私が植えていますと、やってきた特別支援学校の先生が「この広い面積を毎日植えているんですか」と聞きました。先生は「うちの生徒でもできますよ」と言いました。私は内心、とてもできるわけがないと思っていました。器用なパートさんたちがやっている仕事を、障がいをもった人たちができるわけがないと。先生はまず自分でやってみたところ、やはり難しい、農業はやってみないとわからないと言いました。後日、また先生がやってきて、プラスティックの下敷きを持ってきて、それを使うと手で植えるよりうまく植えられと言います。それを見て、目からうろこが落ちました。そして、二つのことに気づきました。

一つは、毎日植えていた自分がなぜそのやり方に気が付かなかったかということです。本来、私か、パートさんが、こうやったらもっとうまくいくというアイデアが出ていいはずです。なぜでしょうか。農業を知らない不器用な特別支援学校の先生が、なぜこのやり方を思いついたのか。それは、私は自分のやり方がベストだと思っているので、それをパートさんたちに、こういうやり方でやってくださいと指示していました。そうすると、農場内ではそれがずっと続いていきます。今までの農業がその状態ではないでしょうか。代々言われてきたやり方をずっとそのままやり続けている。だれもそれを指摘する人はいなく、それが真っ当だと思ってやっているだけなのです。しかし、福祉の人からみたら、もっとこういうやり方があるのではないかという提案がきたのです。自分たちの農業をもっと外部の人たちに見てもらえば、もと良いやり方・アイデアがあるのではないかと思います。

農業経営における幸せの追求

もう一つは、福祉側で気が付いたことです。福祉の人たちは、障がいをもった人たちが世の中に出ようとすると、いろいろな人たちが頭を下げます。先ほどのお母さんや学校の先生は、障がいがあるけれども何とか雇ってもらえませんかと頭を下げてきます。就労を支援する人たちも、企業に頭を下げて、何とか採用してもらおうとします。福祉の人たちは、いつまで頭を下げるのでしょうか。障がいをもった子が世の中に出る時、何年経てば頭を下げなくても良いようになるのでしょうか。福祉の人たちもやり方を変えなかったら、ずっと頭を下げることが続きます。

しかし、うちにきた特別支援学校の先生は、私に頭を下げず、逆に胸を張って言いました。「われわれ、福祉や障がいをもった人たちと組んだら、この仕事を今よりもっときれいに、もっと早く、もっと低コストでやってみせます」と提案しました。そうしたら、頭を下げるのは私です。今の職人さんよりも、きれいに低コストでやってくれるのであれば、その人たちに仕事を出さないほうがおかしいでしょう。私たちは、売るために営業して頭を下げます。今よりコストダウンして、いい仕事ができるなら、私たちが頭を下げることになるのです。そうしたら、世の中は逆転します。今まで頭を下げていた人たちが、頭を下げられる人になるんです。自分たちの仕事があなたの会社にとってこういう貢献をします、ということを福祉の人が訴えることができたら、農園は、ぜひ一緒にやりましょうということになると思います。そういう世の中になったら、どれだけ優しい世の中になるでしょう。現に、私が福祉の人たちに頭を下げているのは今も続いています。それは、彼らが有益なことを私たちに提供してくれるからです。決して、私が優しいからではないのです。そういった意味で、ユニバーサル農業は経営戦略として使えるのではないかと考えています。

福祉の考え方や障がいをもった人たちの力を導入することによって、自分たちの経営を良くしていくことをもっと追究してもいいのではないか。そういった意味で、ユニバーサル農業は、福祉と農業を融合させて、新しい産業を創出できるのではないか。そういう考え方を、ユニバーサル農業と呼んでいます。私たちの目指す、ユニバーサル農園というのは、福祉のための農園ではなくて、農業経営における幸せの追求です。そう定義して、この言葉を使うようにしています。

ユニバーサル農業の実践に向けて

一八歳以上六五歳未満で自宅にいる障がいをもった人が三二四万人います。そのうち、企業で就労している人は四五万人、福祉施設に就労している人が二四万人です。企業に障がいをもった人が履歴書をもって行って採用されれば企業就労になり、採用されなければ福祉事業所での就労ということになります。そこに、働けるかどうかのラインがあります。企業就労は給料をもらうのでいわば税金を納める立場で、福祉就労は税金を使う立場です。企業で就労している四五万人のうち、農業分野で働いている人はきわめて少なく、そのほとんどは工場や大手企業の障がい者枠で働いている人です。もし、農福連携やユニバーサル農業が発展して、いろいろな農家が障がいをもった人たちと一緒にやろうということになると、もっと多くの障がい者が産業界に身を置き、社会参加できるようになります。それが狙えるのではないか。農業と福祉の連携で障がいをもった人が働けてよかった、ではなく、それによって農業が強くなることで、一人でも多くの人が農業分野に雇用される形態ができるでしょう。

日本の財政状況を考えると、ほんとうに必要な人たちに福祉予算を使ってもらうためには、一人でも多くの人が産業界に身を置くようなかたちをとっていかないと、国自体が持続していけないと思います。人口が減少しているのに、障がいをもった人たちは増えている状況で、どうやって成り立たせるのか。それを、農業分野ができるのではないかと思います。農福連携が目指す具体的な指標は、農業という産業に、障がい者の何割かが参画することで、それを目指すことです。

当然、福祉の分野でケアしなければならない部分も出てくるので、そうした部分は、農業分野で訓練したり、園芸療法もありますが、やはり農業という産業に一人でも多く身を置けるようにすることが、私たちの大きなテーマです。

私のような農家の親父がいくら声をあげても、誰も聞いてはくれませんので、私の師匠であるオリジン・コーポレーション杉井保之先生と一緒に、日本産業カウンセリング学会で活動を発表してきています。そうした学会で発表すると、専門家の人たちが聞く耳をもってくれます。そうして、二〇〇九年から学会で発表してきました。発表するときのテーマは、障がい者雇用や企業内メンタルヘルスの取り組みは、企業利益につながらないのかということです。障がい者雇用は進んでいないといわれていて、現在、法定雇用率は二・二%で、達成している企業は五〇%といわれています。法律で決められているにもかかわらず、五〇%しか守られていないのです。なぜなら、納付金というルールがあって、お金を払えば勘弁してもらえるからです。私の論理で言わせてもらうと、障がいを持つ人を雇わないのは、障がいを持った人たちをビジネスにおいてリスクだととらえているからではないでしょうか。もし、彼らと組んで儲かれば、企業はどんどん採用するはずです。そう考えると、納付金としてお金を払っても、障がいをもった人たちは雇用したくないということは、それほどのリスクだと考えているということです。ちなみに、障がいをもった人たちを一人雇わなかったら、企業は年間に納付金として六〇万円払わなければなりません。そうまでしても、障がい者を雇いたくないわけです。しかし、障がい者雇用に積極的な会社が、それによって潰れたことはあまり聞きません。

障がい者雇用が企業利益にとってマイナスだということは、実は誰も証明していないのです。優しさだけでユニバーサル農業が成り立つのではないということを証明するためには、障がいをもった人たちとどういうかかわり方をするのか、しっかりした教育プログラムを持っていないと、誰でもできる仕組みにはなりません。私たちは、障がいをもった人たちとのかかわりに、考え方として、教育プログラムを用いています。これは、昔から日本にある森田療法と内観療法を、アメリカの文化人類学者D・K・レイノルズ博士がCL（コンストラクティブ・リビング）という教育プログラムに作り替えたものです。これをベースにして障がい者とかかわる仕組みをつくれば、誰でもできるようになるのではないかと考えました。

能力と賃金の一致が支える社会参加

農業といってもとても幅広いものです。例えば、あなたの農園で一番簡単な仕事は何ですかと聞かれたとき、それにはっきり答えられる農家がどのくらいいるでしょうか。そんなにいないと思います。しかし、私は答えられます。一番簡単な仕事は、掃除・草取りがレベル一です。汚れが判断できること、あるいはこれが草だということが判断できてそれを抜けるということです。そうして一人で作業ができるようであれば、うちでは訓練がスタートできます。採用基準のスタートと言ってもいいでしょう。一人にしておくとどこかへ行ってしまう、草と野菜の苗との判別がつかない、という人には、もう少し福祉の方で訓練してきてくださいということになります。レベル一で始めた人が、半年で、たとえば段ボール箱の組み立てができるようになればレベル三で、そこまで育てようというプログラムをたてます。これは、福祉の人たちがおこなう支援計画に使うプログラムとよく似ていて、現在の状態を確認してその人を一定の期間かけて、どのレベルまで育てるという課題をしっかり持つことです。そうすれば、どんな人でもスタートできることになります。

うちの農園では、能力給を採用しています。私は、能力と給料を一致させていただきたいと言っています。したがって最低賃金の除外申請もおこなっています。最低賃金に満たない能力の人は、その能力を労働基準監督署に判断していただいて、適正な金額を評価してもらっています。実は、最低賃金制度があるから、企業は障がいを持った人たちを雇用しにくいのではないかと思っています。能力と賃金を一致させれば、企業にリスクはありません。そうすれば、いろいろな人たちが社会に参加できるのではないでしょうか。これが、私の持論です。最低賃金を上げれば上げるほど、高い能力の人しか企業は雇いません。そうした構図ができてしまっているために、障がい者雇用が進んでいないのです。この考え方を受け入れる人たちしか、農場では採用していません。

うちで働いている障がい者の人たちを労働基準監督署に見てもらうと、健常者の最低賃金の半分くらいのレベルだと言います。この人たちは、うちに働きに来なければ、企業は採用しませんから、福祉施設に行くことになるでしょう。福祉施設での工賃は、月に一万数千円というもので、そのくらいの賃金しかもらえないのです。しかし、農園という企業のなかで、最低賃金を除外して能力を算定すれば、うちの障がい者の平均給料は月に一〇万円になるのです。ということは、福祉施設しか行けないような人でも、月に五万円くらいはもらえるようになるのです。福祉施設にいるよりも給料がいいので、なおかつ、プログラムによって、時間はかかるけれども最低賃金を支払えるまでに育てられます。そうだとしたら、時間をかけてでも、農園で一緒に育てるほうがいいでしょう。福祉施設に入れたら、ずっと福祉施設にいることになってしまいます。しかし、社会のなかに身をおいて訓練していけば、能力が上がっていくのです。それが、農業現場の仕事としてできれば、とても価値ある産業になると思います。

もちろん、全員が最低賃金をもらえるまで能力が上がるわけではないのも実情です。たとえば重度な精神障がいをもった人はプレッシャーもあって、最低賃金までは伸びてはいませんでした。ただし、三年、五年という期間で見ていくと、最低賃金を除外しなくても済むようになる人も出てきます。そうした可能性が彼らにはあるのです。農業分野でじっくり育てれば、そういう可能性が見えてくるのではないかということが、わかってきました。

障がい者が増えて売上を伸ばす

そうした取り組みのなかで、うちの経営はどうなっていったか。

一九九六年に障がい者と出会って、一九九七年に最初の障がい者の一人を採用しました。その後、障がいをもった人をだいたい一年に一人ずつ雇用してきましたが、同時に売上を伸ばしてきました。最初は、六五〇〇万円くらいだったのが、今では四億円の売上になりました。つまり、障がいをもった人たちの割合や人数が増えて、売上を伸ばすことができたということです。ビジネスにおいて、障がいをもった人たちはリスクではないのです。もっとみんなでいろいろな知恵を出せば、いろいろなビジネスモデルができるということがわかったのです。農家の長男で、農業の勉強しかしてこなかった私のような人間でもここまでできました。むしろ、農業の勉強をしてきたからこそ、できたのではないかとも思っています。従って、ユニバーサル農業の考え方を全国の農業関係者に勧めていきたいと願っています。

以上のように、障がい者雇用にＣＬを活用して、雇用にメンタライズを導入してきましたが、それによって業績改善ができるのではないかということを示しました。障がい者と組むことによって、強い組織や会社が作り出せるのではないかという期待が出てきました。強い組織や会社というのは、必ずしも規模が大きい、あるいは利益が多いということではなく、まったく別の指標があるのだと思います。小さくても良い会社はあると思います。それは、優しさのようなものではないか。ビジネスで優しさが問われることはあまりありませんが、見直すべきなのは、業績ではない部分のところではないか。そうしたことを見直すいい機会だと思っています。

そして、農業はここから変えられるので、早く、農業にそういった要素を入れていけば独自の産業スタイルになっていくのではないか。今、農業は工業界の後を追っていますが、その行く末はもう見えています。それは、海外のように安く生産できるところに流れていくということです。日本農業の価値を残すのであれば、その方向性をしっかり示し、障がい者の働きの場を農業が作る、福祉の領域は農業が担うというビジョンを掲げてもいいのではないかと思っています。できるかどうかはわかりませんが、農業界からそういう声をあげていってもいいでしょう。それが、私が障がいをもった人たちとかかわってきたうえでの実感です。

障がいを持った人たちが、彼らの課題を解決して農場のなかで働けるようになって、今、最高齢は八二歳です。私の祖母は九二歳まで現場に出ていました。祖母は、畑での仕事から帰って、少し疲れたと言って横になり、そのままあの世に行きました。そういう死に方ができたら幸せだと思います。若い人にどのような死に方をしたいか聞くと、だいたいの人は、六五歳くらいまで働いて、そこからのんびりして、体に不具合が出てきたら、高齢者施設や病院に行って、そこで死ぬのだろうと言います。確かにそれが現実かもしれませんが、ほかの死に方もあるでしょう。私は、農業界の人は畑で倒れて死ねばいいと考えています。うちの祖母は畑に出れば草を抜いてくれていて、そうすれば「ありがとう」とい言われます。高齢者施設で問題なのは、施設のなかで生きがいを与えられないということです。高齢者施設に入ると、世話になるだけなので、ありがとうというだけなんです。したがって実感として、自分の生きがいを見つけられないと言われています。でも、農業現場で草一本抜いたら、ありがとうと言われます。自分の力が人の役にたっている、そういう立場に変わる。高齢者の人たちに、死ぬまで働きの場としての接点を持てるのが農業です。そう考えると、将来的には、高齢者福祉も農業界が担うことができるのではないかと思っています。

そうしたことが、農業の可能性ですので、少し視野を広げて、農業にもっともっと取り組んでみたいと思っています。

今後、国が農福連携を推進していくことにしていますが、とくに私が強調したいのは、農業界のなかで、障がいを持った人たちの力、福祉力を活かし強い農業を作り出すのかという視点を忘れないで欲しいと思います。多様な人達が活躍する場が増えて地域農業が活性化することを願っています。

（すずき　あつし）

〈質　疑〉

―― ユニバーサル農業というのは、農業と福祉を連携させることだけではなくて、そこから農業にとっても価値を引き出していくということですか。

鈴木　文字通り農業をユニバーサルデザインしようということで、誰でも参画できるようにするということです。農業は、今までは農家の長男が継ぐのが一般的で、それだけ特殊な産業だったと言えます。ほかの人たちが入って来られない垣根の高い産業でした。農業をユニバーサルデザインすることで誰でも参画できるようなり、そうすれば、労働力や新しい知恵も入ってくると考えています。もともとこの言葉は、静岡県の行政で使われたものです。

―― とくに、精神障がいをもった人に、決まった作業をしていただくのはなかなか大変だと思いますが、どのような工夫をされているのでしょうか。

鈴木　企業でも精神障がいをもった人は使いづらいと言われています。企業で障がい者雇用に取り組むときは、まず身体障がいをもった人で、次に知的障がいの人です。精神障がいや発達障がいについては、なかなか難しい。しかし、農業分野では、精神障がいをもった人が一番使いやすいと言われています。従って、企業とは精神障がいをもった人の取り合いは起こりません。その意味では、精神障がいや発達障がいをもった人たちがどのように働けるようになるかは、農業分野での大きなテーマになると思います。福祉の関係者によると、精神障がいをもった人たちはすごく真面目で、そもそもプレッシャーを感じやすいです。

精神障がいをもった人を採用するとき、福祉の関係者から、最低賃金を除外して、能力給にしてくださいと提案がありました。できない自分がほかのみんなと同じ賃金をもらっていることに、彼らはプレッシャーを感じると言います。だから、能力と給料を一致させてほしいということでした。たとえば能力が七〇％しかない人が、一〇〇％の人と同じ給料をもらったら、経営者としては七〇％しかない能力の人の足りないところが気になります。しかし、能力と給料が一致していれば、経営者としては純粋にありがとうと言えます。それは、「今のあなたでいいんだよ」というサインにほかならず、これを彼らは敏感に感じ取ります。そうして、彼らも安心して働けるというスタートが切れるのです。企業はなぜ精神障がいを避けるかと言うと、来るか来ないかがわからないからです。できるときには一〇〇％の能力を発揮できるのに、ある日突然来ないということがある。そのムラに企業は反応するんです。いくら能力があっても、あてにならない人は困る。知的障がいは、能力は低いものの安定して来てくれるので、企業からすればあてになるわけです。

福祉の関係者は、精神障がいの人を単独ではなく、グループで就労させてほしいと言います。そして、彼らができるからといって、能力を一〇〇％使う仕事を与えると潰れるので、五〇％程度の仕事を与えたほうがいい。そんなに無理するなと、常に声をかけてほしいとも言います。知的障がいの場合は、どちらかというと、がんばれといったほうが、ペースが落ちないのですが、精神障がいは全く違います。

そのように、障がいによって、かける言葉も変わってきます。また、精神障がいの人は体を動かすほうが良いようです。彼らの悩みには眠れないことが大きいと言います。農園では、太陽光を浴びます。そうすると、狂っていた体内時計が正常になります。かつ適度な運動をすることで体が疲れます。そうすると、精神障がいは治らないまでも、常用していた睡眠導入剤をたとえば一錠減らすことができます。頭がすっきりして、作業のペースがとれるので、長く働けることになります。そういうサイクルにもっていくために、農業でできることがいろいろあります。

――具体的な作業分担はどのようなものでしょうか。

鈴木　グループで雇ってはいるものの、基本的に一人でやるほうがいいので、例えば、農場での掃除が適当です。ベンチの掃除やパネルを洗う仕事が多いようです。慣れてくれば、収穫作業もできるようになります。

――障がい者の課題は、どのように解決してきたのですか。

鈴木　障がいの種類や程度によってさまざまですが、プログラムのスタート地点を、その人の能力を見て決めます。その人を、半年後あるいは一年後にどうしたいかというゴールを決めます。そこで、足りない部分をどう補うかというときに課題が生じます。多くの場合は、機械化によって解決することが多いです。ブラシを洗う機械やスポンジを水で湿らせるための機械といった物をつくっていきます。彼らの能力が急激に伸びることはないので、そこに工具や機械の助けをうけて、彼らの能力を引き出すことができます。

―― 障がい者雇用を進めるとともに、売上も伸びたと言うことですが、出荷量が増加したということですか。

鈴木　出荷量も増えましたし、ハウスの面積も増えました。お客さんからの引き合いが増えてくるにしたがって、面積を増やしてきました。チンゲンサイは、障がいをもった人たちだけでやっていて、その売上が九〇〇〇万円くらいあります。もしユニバーサル農業に取り組んでいなかったら、チンゲンサイはつくっていないと思います。そう考えると、障がい者がいたから、それだけの売上があるということは言えます。売上が伸びて、労働力が足りなくなったから障がい者を採用したのだろうとも見えますが、私としては、障がい者がいたからこの売上になったと考えています。障がい者が農場に来たことで、農業を変え、新しい商品開発をしてきたことが今の業績に結び付いていると思います。もっとも、今後は作業を改善して、さらに上を目指していかなければならないと思っています。

―― 農場で働くほかの健常者の人たちの理解はどのように得ていったのでしょうか。

鈴木　もともとうちは、家族六人に四人の高齢者のパートさんがいて、全部で一〇人でした。そのときに初めて、障がい者が一人入りました。今、最も古い人は障がいをもった人です。ということは、今いるパートさんたちは、障がい者がいるということが前提でうちに働きにきているのです。うちでは、障がい者が先輩なのです。作業が遅い人を見るといらいらするので、障がいをもった人たちと一緒に仕事はしたくないという人は必ずいますが、そういう人はうちには来ないというだけでしょう。また、能力給にしていることで、不平等感がないということも言えると思います。もちろん、誰でも最低賃金がもらえればそれがいいのでしょうが、それですべてうまくいくとは思えません。

――　障がい者への対応には、福祉関係の技術や知見が一定程度必要だと思いますが、心耕部のスタッフにはそうした専門家はいるのですか。

鈴木　心耕部をつくったものの、最初は失敗続きでした、今の心耕部長は精神保健福祉士です。私は、この部署の部長は女性がいいだろうと感覚的に思っていました。何人かを採用しましたが、本人が先に潰れてしまいました。福祉の専門家ではないことから、障がい者のすべてを支えなければいけないと思ってしまうからでした。福祉の専門家を採用することで、そうした問題はなくなりました。障がい者にどこまで、どういうスタンスでかかわるべきなのかの心構えができているのです。精神保健福祉士は精神障がいを主に扱いますので、発達障がいや知的障がいへの対応はまた別です。したがってすべてに適応できるわけではありませんが、基本的な福祉の考え方をもった担当者であれば、最低限のことはこなせるのではないかと思います。

―― これから、ユニバーサル農業に取り組もうと考える農業者にとって、注意すべきところはどのような点でしょうか。

鈴木　私がユニバーサル農業に取り組んできたなかで、静岡県では特別支援学校の実習を農園でおこなおうということになりました。その場合、コーチを付けたらいいということになって、ジョブコーチ制度をつくり、行政から派遣費を出すことにしました。それはうまくいったのですが、予算がなくなったとたんにこの事業がすべて止まってしまいました。本当は、ユニバーサル農業に行政のお金は必要ないというのが、私たちの考えでした。そこで、静岡県が私たちのＮＰＯにジョブコーチのプランを委託してくれました。それが、農業と福祉と企業の連携モデルです。

農業は、担い手が足りない、農産物の価格が低迷しているという課題を抱えています。福祉は、自立支援をどうしていくかという課題を抱えており、企業は法定雇用率の達成に悩んでいます。その間のビジネスモデルとして、行政を頼らないでジョブコーチを派遣できる仕組みをつくることにしました。そこで、企業に特例子会社をつくってもらって、まず企業に障がい者を雇ってもらっています。でも、企業には障がい者にやってもらうような仕事はないと言っているので、農業側から仕事を出すようにします。そうすれば、農業分野は障がい者雇用をするのではなく作業委託契約を結ぶだけです。うちの農場で、だいたい三人から四人に一人の農場の職員がついて、その指導で作業をします。うちの職員がいわばジョブコーチであり、行政ではなく、ビジネスとして仕組みができたことになります。

私たちが目指している会社として、ソーシャル・ファーム（社会的企業）をあげています。これからは、社会問題をビジネスとして解決していく仕組みを考えていかなければなりません。農業という産業の力でそれを実現したいというのが、私たちの夢です。その第一歩として、企業の力を借りていこうという考えです。この仕組みに最初に乗ってきたのが、地元のスズキ自動車です。続いて、伊藤忠系列のＩＴ企業が浜松に特例子会社ひなりを設立して、現在八戸の農家と契約して、障がい者が作業委託を受けて仕事におこなっています。八年目ですが、三〇人の障がいをもった人たちを雇っています。国では、農福連携事業として、ジョブコーチの育成という、かつて静岡県がやろうとしていたことをやろうとしています。

しかし、もう一歩前に向けた施策が必要ではないかと思います。人材派遣会社のパーソルは、同じやりかたで神奈川県で展開をしています。そのように、これから普及していくのではないかと見られています。

いずれにしても、農家でジョブコーチを負担するにはそれなりの体力が必要ですので、まずは企業との連携がスタートとしてはいいのではないかと考えています。やる気のある農家であれば、企業を連れてくればいいわけです。実は、伊藤忠系列のＩＴ企業はそのために浜松に来たんです。ということは、農業と障がい者で企業誘致もできるということです。そして、企業に福祉を担ってもらう。農業もしばらくの間は企業に助けてもらう。このモデルは、あくまで農業が強くなっていくのが前提ですので、何年か後には農業が体力をつけて自社雇用できるようにしていきたいと思っています。

――耕作放棄地は拡大し、海外からの農産物輸入も拡大した現状のなかで農業を発展させていくには、どのように変え、どのような仕組みをつくればいいのでしょうか。

鈴木　やはり、農業経営者を育成していくしかないと思っています。耕作放棄地はたしかに大きな課題ではありますが、耕そうとする人がいなければなりません。農業者が儲かる産業になれば、畑は荒れないでしょう。農業経営を良くするには、今の自分たちのやり方を見直して、もっと効率的にできる、あるいは新しい商品ができるというふうに、むしろ一度自分たちの農業を捨てるくらいの覚悟があっていいと思います。ユニバーサル農業は経営戦略としての位置づけであり、福祉のための施策ではなくて、農業施策のなかでの経営者の育成にあたります。

同時に、ＧＡＰの推進でもあります。農業工程をより実行しやすくすることです。農産物の安全を確保し、よりよい農業経営を実施する取り組みがＧＡＰです。そう考えると、ユニバーサル農業は、国が推進している農業施策とまったく軌を一にしています。農業者にＧＡＰの話をすると、面倒くさいと言って、とても嫌がります。経営が良くなる仕組みに取り組もうと言っているのに、それに乗らない手はないと思います。経営者の考え方が後退的で、これが農業を衰退させてきた原因でした。

私たちは、障がいをもった人たちが目の前にいて、そこでの課題を解決しないといけないので、ＧＡＰに取り組み、その結果が実績となって現れてきたわけです。まず、農業者が自分たちの農業を変えようと思わない限り、農業の低調傾向は止まらないでしょう。もっとも、農家の長男がそれを実行するのはかなり難しい。やはり、新規に参入してくる人たちが風穴を開けてくれるのだろうと思います。決して順調とは言えませんが、彼らの動きが刺激になっていることは間違いありません。

従って、新規就農者の育成はとても大事です。今やるべきことの方針は出ているのですが、問題は農業をやる人の考え方次第です。隣の人がうまくやっていれば、真似をしたくなるのが農家ですから、その意味で、一つでも多くの成功事例を地域のなかにつくって行き、それを真似ていくことで広がっていけばいい。

――京丸園の農産物は全量が系統出荷されているようですが、今後も、ほかの販売ルートはお考えではないのでしょうか。

鈴木　基本的には系統出荷でいくつもりです。ただし共選にはしたくないので、そこは農協が理解してくれている部分だと思います。浜松市はチンゲンサイの日本一の産地です。京丸ミニチンゲンという名前で出荷したら、農協がトピア浜松の名前をつけてもらわないと困ると言いました。私の計画通りに売れなければ責任をとってくれるのかと聞くと、手数料分だけ責任をとると言います。そんなことで、農協ブランドの表示そのものを二％にしました。うちのブランド名が大きくあって、農協名が小さく入っています。農協のブランド名にしたほうが高く売れるのであればそれを使いますが、京丸園のブランドのほうが売れると思ったからこちらを使うまでです。

――能力給を採用されていますが、具体的にはどのようなかたちで給料を決めているのですか。お互いに納得できるにはどんな工夫があるのですか。

鈴木　最低賃金の労働監督署の基準が一つの目安になります。労働基準監督署の最低賃金を除外するときのやり方があります。アルバイトで採用した健常者で会社に入って一週間くらい経った人が最低賃金の基準です。たとえばトレーを洗う仕事を、入ってきて一週間経った健常者が自力で一〇〇枚洗えたとして自給が一〇〇〇円とすると、一枚当たりは一〇円になります。その基準で障がいをもった人たちが訓練をしていって、何枚洗える能力かを見ます。それを一週間あるいは一か月のデータを見て判断をします。労働監督署はその人の仕事を見て、企業と福祉関係者の聞き取りをし、家族の承認を得たうえで、最低賃金を除外した金額が決められます。

したがって農園側からすると、作業一つ当たりの単価を把握できるようになれば、誰にも適用できる考え方です。障がいをもった人たちを雇うにしても、作業一つ当たりの単価で計算された賃金であればリスクはなく、障がい者だから雇わないという理由はなくなります。その代わり、労働監督署は最低賃金の除外を認めると、賃金は確実に上げることを求めてきますので、私たちは、障がい者の育成計画を立ててしっかり能力を上げていかなければなりません。それが企業努力なのかもしれません。その論理から言うと、たとえば時給一〇〇〇円でも雇えることになりますが、労働監督署は最低賃金の五〇％以下は決して認めません。そうなると、私が雇えるのは、最低賃金の半分程度の人までしか雇えないということになります。最低賃金の引き上げが盛んに言われますが、上げれば上げるほど、障がい者の人たちの働きの場が少なくなっていきます。当初、私たちのこうした研究を発表するについては、労働基準監督署は否定的でしたが、今では逆に積極的に発表してくれと言っています。B型の福祉施設で工賃を倍にするといってきましたが、なかなか進みません。もう限界が見えているということでしょう。であれば企業のなかで、育成する仕組みに挑戦したらどうかというのが、私たちの考え方です。

―― 農園で働いている障がい者のなかには、工業など異なった業種で働いた経験をもった人もいると思います。そうした人は、農業をやってみてどんな感想をもっていますか。

鈴木　一つは、開放的な環境で働けてよかったという感想が多いようです。もっとも、以前より給料は低いというのが正直なところでしょう。しかし、彼らの心には、安心して長く働きたいという気持ちがあると思っています。もちろん、稼ぎたいという人もいますが、家族や彼ら自身の本質は、やはり、安心して長く働きたいということだと感じます。それこそが、農業の得意とするところで、すごく儲かるわけではないけれど、長く付き合える産業です。もちろん定年はありますが、高齢者でも、六五歳くらいまでに農業分野に来てくれれば、八〇歳までは働けると思っています。ただ、七〇歳になってからでは、農業を始めるには大変です。

―― 心耕部のスタッフが健常者だったら、これだけの売上があがったでしょうか。

鈴木　売上自体は、お客さん次第ですが、原価の面で言えば、誰がやっても同じ結果です。私たちは、作業の単価を見ますので、健常者でも障がい者でも同じです。

（二〇一九・五・一四）

精神障害者の主体的な働き方と持続可能な事業モデル

就労継続支援Ａ型「アスタネ」施設長
根本　要

ゼネラルパートナーズのアスタネという福祉施設の施設長をしています、根本と申します。よろしくお願いいたします。福祉施設としては面白いと言われているアスタネの取り組みについて具体的にご紹介したいと思います。現在、Ａ型事業所は全国で七万くらいありますが、全国の七割が赤字経営と言われています。埼玉県にもいくつかのＡ型事業所がありますが、その八割が赤字だと言われています。そういった施設を今後も続けていくのはなかなか難しく、売上をしっかり上げて、雇用を継続していかなければ、事業として消滅してしまう可能性もあります。そうした面での具体的な取り組みをご紹介できればと思っています。

私たちの施設は、指定就労継続支援Ａ型事業所です。就労継続支援施設には、Ｂ型とＡ型とがあり、B型は一日の工賃を独自に支払う仕組みですが、A型は施設利用の障がい者と雇用契約を結び、埼玉県の最低賃金八九八円（時給）を支払うことが条件です。従って、給料がしっかり支払えるような事業モデルにしなければなりません。

　事業内容は、菌床椎茸の生産・販売で、事業所は埼玉県のさいたま市にあります。菌床椎茸の栽培施設は、一二〇〇平方メートルぐらいの土地に、三棟のビニールハウスがあります。ビニールハウス内で栽培できることから天候の影響が比較的少ないことが椎茸を選択した理由の一つです。また、菌床を棚で管理できるという点も重要で、高さを利用することで、面積当たりの収穫量を増やすことができます。職員は五名、設立は二〇一五年三月。A型事業所の例に漏れず、私たちも最初の二年間は、年に五〇〇〇万円の赤字が続きました。初期投資にもけっこう掛かっていましたし、その減価償却も必要でした。販路の開拓もなかなかうまくいかず、販売額も伸びませんでした。今ではようやく黒字とすることができました。

　事業所で働いている障がい者は、うつ病が一二名、躁うつ病が五名、統合失調症が二〇名で、定員は二〇名なのですが、年末年始を含め年中無休で営業していますので、週五回のシフトで勤務しており、実際は四〇名近くの方を採用しています。一日平均では二〇～二五名が働いていることになります。男女比は、二五対一二で、比較的女性の方でも活躍できる事業内容になっていると思います。なお、年齢別に見ると、アルバイト経験も無いような二〇代の若い方がいたり、逆にいろいろな経験をされてきている五〇代の方も一一名いらっしゃるというふうに、幅広い年齢の方が働いています。

私たちアスタネの考える農福連携

農業と精神障がい者をもって、A型事業所の持続可能な状態をつくるには、三つ必要なものがあると考えます。それは生産の安定化、施設の黒字化、そして地域に必要とされることです。この三つが、持続可能なモデルとしての条件です。たとえば施設の黒字化だけを追究していっても、時代の変化に応じていくのはなかなか難しいですが、地域に必要とされることを目指すことで、そうした変化にも対応できると考えます。それらの条件を満たすために必要なのは、精神障がい者の方を戦力化して、主体的な活躍をしてもらうことと、地域に必要とされるために地域に積極的に入り込んでいくことです。その二つを実施していかなければなりません。

主体的な活躍は、施設の経営継続に向けた活動とも言えます。A型施設は報酬という「かたち」で国から助成金をいただいていますが、私たちの施設の農業売上と報酬請求の推移を見ると、二〇一六年度は農業の売上は九七〇万円程度で低いままでした。そこから売上を伸ばし、二〇一七年度には四七〇〇万円になり、昨年度は六六〇〇万円まで売上を上げることができました。今期はさらに一〇五％を目指しており、まだまだ伸ばせることはできると考えています。二〇一七年四月に、私たちが主体的な働き方を導入した結果です。

主体的な働き方というのは、それぞれの方が役割や責任をもち、それをチームで運営して多くのチャレンジをすることです。精神障がい者の方々は、さまざま経験をされていて、他の障がい者の方に比べて、経験をもっていて、それに基づく強みがあります。前の勤務先で能力をうまく活かしきれなかったり、ほかのトラブルで職を離れることになったということもあります。したがってそこをうまく戦力化できないか、私たちの施設の売上に貢献できないだろうかと考えました。主体的な活躍ができるように、具体的にどのような仕組みをつくってきたかをご紹介したいと思います。

まず、一人ひとりとミーティングをして、個人が目標を見出し、それをチームで運営し、その成果を振り返りながら、もう一度評価し、さらにもう一度そのスタッフに返す、というサイクルになっています。これは、企業では当たり前の取り組みで、理念を共有し、数字をどう追っていくかを具体的におこなっていきます。私たちが、企業として農福連携に取り組んでいる強みはここにあります。運営面でしっかり利益を出すことで、みんなを巻き込んで、主体性をつくっていくことが大事だと思っています。こうした取り組みを始めたのが、二〇一七年四月、売上を出して、利益を追究していこうと、障がい者を含めてこうした取り組みを取り入れてみようと考えたわけです。

福祉施設では、これまでは、職員と利用者では考え方に距離がありました。しかし、A型事業所は直接雇用をしていますので、やはり、利用者ではなく当事者として、実際にお金を稼ぐということに関わることが必要になります。

「やってみよう、楽しもう」から始まる

アスタネはゼネラルパートナーズが運営しているA型事業所ですが、アスタネ本社が障がい者と企業を雇用で結びつける人材サービスをおこなっています。その理念を、私たちの事業所のスタッフにも伝えています。ゴールとして、「誰もが自分らしくワクワクする人生」を掲げています。利用者には、支援を受けて、ゴールとして、アスタネで働き続けることや、ほかの企業に就職したいというそれぞれの思いはあるでしょうが、やはり、人生そのものをワクワクするものにしていこうということを目標にして、それを皆で共有しています。

共有する理念のなかには、アスタネ本社の文化として、「やってみよう、楽しもう」ということもあります。これを、障がい者のみなさんにはメッセージとして強く届けています。何かを始めようとするときは、たとえば準備が必要だったり、審査が入ったりして、実際に行動を起こすまでに時間がかかることが多いようです。しかし、まずやってみて、それでだめだったことは、なぜだめだったかを反省して次に活かすことを考えます。うまくいけば、今度はもっとうまくいくようにします。そのように、まず行動を起こすことから始めようということを共有しています。理念を掲げて共有したことで、障がい者の方からいろいろな意見が出しやすい雰囲気ができたと思っています。

主体性をと言っても、個人からそれを引き出すのはなかなか難しいものです。そこで、ミーティングをおこなっています。四〇名の障がい者を雇用していますが、一か月に一回、必ず面談を設定しています。この1on1ミーティングは、服薬の状況や体調の確認もおこないますが、どんな仕事をしたいか、自分の経験はどう活かせそうかなども聞き取ります。以前にもミーティングはおこなっていましたが、それは、私たち職員が決めたスケジュールをスタッフに伝えるだけでした。今では障がい者のスタッフが自ら面談の事前準備をおこない、そのうえで職員のスケジュールを抑えるようになりました。そうすることで、自分で考えるようになりました。自分は何をできるのか、何をどういうふうにやっていこうとしたいのかを、自分で考えられるようになったのです。

また、面談の内容は面談シートに記録しますが、そこには満足度という項目もあります。評価を五段階に設定すると、どうしても中央の「普通」を選択しがちなので、スタッフの状況を正確につかむために、あえて四段階から選択してもらうようにしています。この施設にいることの安心感をいかに出すようにするかが、私たちの使命だと思っています。「不満足」であれば、それはどのような部分なのか、どうすれば「満足」してもらえるように力を発揮してもらえるようになるのかを考えていきます。

面談で、皆さんのやりたいこと、チャレンジしたいことを聞き出していきますが、それを聞き出したら、それをチームで話し合います。チームで検討することで、いくつかのメリットが出てきます。まず、チームでやるほうが速くできます。精神障がい者の方はコミュニケーションに課題を抱えている方も多いのですが、チームでものごとを動かすことで、連帯感を生み、自分一人ではないという安心感も出てきます。一人で任されると、果たして自分一人でできるだろうかというプレッシャーも出てきますが、チームで責任を分散できるのもメリットと考えていいでしょう。面談で個別に指示されると、どうしてもやらされているという感覚が出てきたりしますが、個人から出てきたことをチームで取り組みことにすると、そのプロセスを感じることができるので、このチームでやることの目的は何かといったことについて、納得して取り組むことができるようになります。それに取り組むことが、自分と会社にとってどんな利益が出るかという目的をしっかり把握できます。

チームを組み運営すべて精神障がい者

チームを実際に運営するときに意識しているのは、雰囲気作りです。私たちは、職員も含めて全員がフラットな関係を目指しています。目上の人や立場の上の人に意見をいうのはなかなか難しいものですが、そうならないように、日頃のコミュニケーションで、誰でも事業に対する提案ができるような雰囲気作りに気を付けています。例えば、私たちの施設を見学した方からは、誰が職員かスタッフかがよくわからないと、よく言われます。私はそれでいいと思っていて、責任やクレームに最終的に対応するのは施設側の責任者ですが、事業を動かしていくことについては誰が指揮を執ってもいいと思っています。皆さんにある意味で権限を渡しているというのが重要で、チームで実施するので、ここまではやっていいよという、責任と一緒に権利も渡せます。本人たちは、これをやるにはどうしようというふうに、自分たちで完結までもっていけます。チームのなかの雰囲気づくりは非常に大事にしていますし、実際にミーティングでそれをやっていくのですが、そのミーティングの進め方も非常に重要視しています。たとえば強い人が発言すると、どうしてもその人の意見にまとまってしまいがちですが、そうならないように、皆が意見を言えるにはどうしたらいいか。グループワーク形式でやってみるとか、そのチームでどういう人が集まったときにこうなりそうだなという予想ができる場合、それをいかに皆でやっている感じを出せるか事前に検討したりしています。

そうした、ミーティングへの入り込み方が非常に重要です。チームのミーティングをした後に、実際に結果がどうだったかというミーティングもしっかりこなしています。そのサイクルを個人からグループに、その結果をもう一回グループで振り返る、そしてまた、個人で振り返るということを繰り返して、チームの成功に結びつけていきます。

福祉施設で椎茸の農業をやるというと、皆さんの作業イメージは、どうしても収穫とパック詰めの作業のイメージだと思います。しかし、企業として、椎茸という商品を売るために必要な運営を全部、精神障がい者のチームごとにそれぞれ分けて任せています。椎茸を売るためにすることは、生産を安定させるためのデータ分析が必要になってきます。これも、精神障がい者の方がチームをつくって実際にやっています。作った物を段ボール箱に詰めて最終的に配送しますが、これも、精神障がい者で配送チームをつくって、一日で一〇店舗程度のスーパーを回っています。売上がたてば、最終的に精算して、請求書を作成して取引先別に発行するという経理作業がありますが、これも精神障がい者の方にやってもらっています。このように、企業のなかのすべての業務をチームでおこない、運営をまわしています。

配送出荷チームは全員が精神障がい者の方です。配送と言っても単純に物を置いてくればいいわけではなくて、取引先の店舗のマネージャーさんと実際にコミュニケーションをとって、値段の交渉をしたり、イベントへの参加交渉などもあり、ある程度のコミュニケーション能力が必要です。そうした交渉も任せているので、逆に提案してもらったりすることもあります。もちろん、課題も出てくるので、そのときには、ミーティングを実施しています。個人で悩みを持つのはなくて、それを報告してもらって、皆で解決方法を考えていきます。配送は二人体制で毎日実施しており、一〇店舗くらいの付近のスーパーに出荷しています。

施設の事務所はオープンにしており、経理チームのスタッフの方が請求書や納品伝票の発行をしています。ただ、個人情報についてはしっかり管理をして、私たち職員だけがアクセスできるようにしてあります。事務所の扉が常に閉まっていると、職員とスタッフの間に距離を感じてしまいます。椎茸の生産と販売には、どうしてもパソコンを使う作業が必要ですので、ここで作業をしています。将来は事務作業をしたいという要望をもった障がい者の方もいますので、ミーティングでそうした意向を聞いたうえで、この事務作業のチームに入ってもらいます。一か月の売上管理を任せているので、けっこうな金額を取り扱い、月に六〇〇万ぐらいの売上げの請求書を発行しています。リスクもありますが、信頼と、もちろんチェックもしっかりしています。そうして、経営が回るようにしながら、任せるところは任せています。

販売企画チームは、配送チームが得たイベントの話などに対応して、試食販売をおこなっています。試食販売は月に二〇回以上になると、同じ土曜日に二つから三つを入れています。そうして回せるような人材を育てなければいけません。スーパーのヤオコー様は、一つの棚全面を私たちの施設の椎茸に充ててくれていますが、そこには一〇万円分くらいの椎茸が入り、実際にそのくらいの売上を出すことができます。単に、うちの椎茸が売れればいいのではなく、どちらもウィン・ウィンになれるような関係性をつくることが大事だと思っています。ヤオコーのある店舗がオープンをきかっけに、地元野菜を売ることに積極的でしたので、私たちは、地元での障がい者雇用の椎茸で売上を出したいと考えていましたので、一緒にやろうとなりました。まず、お店のパートの方に実際にうちの施設に来て収穫体験をしていただきました。そうすることで、生産現場を見ていただき、おいしさを実際に感じていただくことで、それをお客様にも届けていただけると考えました。ポップにも工夫をしていただきました。単なる販促のイベントではなくて、地域の方といかに一緒に、お互いにウィン・ウィンの形をとって、何が実施できるかということの一つの形ではないかと考えています。

私たちの施設の隣には保育園があります。椎茸が嫌いな子供は多いのですが、園長からの要請で、子供たちに椎茸狩りをしてもらうイベントをおこないました。自分たちで穫ったという喜びがあり、椎茸が嫌いだった子どもも、その椎茸はけっこう食べました。そこから、椎茸が好きになるということがありました。保育園が抱えている課題に、私たちも一緒に取り組もうと、いろいろなイベントを実施しています。さらに、保育園でバザーをやるので、お母さんたちが喜ぶような企画ということで、椎茸の詰め放題をやったこともあります。

東京の代官山など、東京でのイベントもあって、ファーマーズマーケットのような情報発信型のイベントには積極的に参加しています。椎茸を売るだけではなく、椎茸の知識を消費者に届けて、野菜に興味を持ってもらうことも目的の一つです。ファーマーズマーケットというのは、まさにそうした目的にかなった場です

活躍できる場所なのかを考え提供する

アスタネにはさまざまなチームがあります。私たち施設職員は、人事のポジションで施設を運営

しています。みなさんがやりたいこと、経験して活かせそうなことを人事として聞き入れて、どういったことに彼らが活躍できる場所なのかを考え、その場所を提供するということを意識しています。チームは全部、彼らがもっていた経験から生まれてきたチームで、そうして広がりをつくってきました。私たち職員はスタッフ・精神障がい者の方と情報共有をし、同時にスタッフのチーム同士でも同じように情報が共有されています。たとえばイベントをするとなると、収穫をコントロールしたり、配送はイベントの日程を伝えなければなりませんし、パック詰めではそのための商品を用意しなければなりません。それは私たち職員が介入しなくても、皆さんが相談してやってほしいとしています。主体性が出てきて、皆さんが考えて実行したことが成功すると、成功体験になるので自分の承認欲求が叶い、各自の回復にもつながってきます。チームでやっていることもあって、個人に強いプレッシャーにはなりにくいので、回復にもつながりやすいのではないかと感じています。

　そうして取り組んではいても、その成果がなかなか見えづらいことがあります。それを見える化することにも挑戦しています。スタッフ主体性の見える化を目的に表を作っています。会社は一〇時からスタートしますが、椎茸の管理をしている方は八時くらいから作業をしています。八時に来て何をするのかというと、一日のタイムマネージメントを自分でつくります。以前は職員がおこなっていたのですが、今ではスタッフの皆さんが一日の運営を決めて、終わらせるように回していてくれと言っています。作業を一斉に始めて、一斉に終われるかというと、なかなかそうはいかないので、どうやったら終われるかということを一緒に考えていきます。そのための見える化です。いろいろな事柄をどのように回すかという作戦も大事ですが、むしろ、修正のほうが大事です。たとえば一日にこの人数が出勤すれば、どのように回せば何時に終わる、ということを考えますが、欠席者が出たり体調不良の人が出たりすると、変わってきます。

そうして一二時など休憩時に、皆さんでもう一度話し合って修正するということもお願いしています。それをすることで、単純作業をするだけの仕事から、マネジメントの仕事をするというところまでレベルが上がってきます。これも、成功体験を積みやすいところです。スタッフのなかには、管理職の経験がある方もいらっしゃって、コミュニケーション不足で前の仕事がうまくいかなかった場合、私たちがフォローすれば、高い能力を発揮していただけます。

そうしたことをチームでいかに回すかを実行しています。そのように作業の見える化をすることで、一〇時から来た方は、自分は今日何をやってどうしていくのか、目標はどう持てばいいのかが分かるので、皆が同じ目標を持って一日を取り組むことができます。

作業の見える化に成果の見える化を加算

作業だけでなく、成果の見える化もおこなっています。たとえばアスタネの業務自体は椎茸を一日当たり、何店舗に何キロ何箱何パック届けるという業務ですが、実際に自分の作業はそのなかの一部分です。そのため、自分の作業が全体の成果にどう影響しているかというのはなかなか見えづらいものです。それを見える化するための表も作りました。チーム全体で目標とするものを皆でチェックすることで、たとえば自分が規格Bの商品を担当していた場合、ゴールに向けて今何%できているかを進捗程度として、全体で確認ができるものです。同じ作業をやっているほかの人もいるので、自分がそれに対してどのくらい貢献したかは見えづらいですが、個人は何パック作ったのかを日々記入して置くと、それが、全体に対して自分が何%貢献してきた、貢献できていない場合、どのくらい貢献すれば皆に対して戦力化できるのかが見えるようになります。

そのように、しっかり数字で見られるようにしました。個人が目標をしっかりと把握しやすくなりました。以前は、スピードを上げたいということだけだったので、それでは、成長したという彼らの自己肯定感を上げることにはなりませんでした。しかし、数字で出すと、実際に何パックになりましたね、じゃあこれだけ成長できました、次はどんな方法にすればどのくらい伸ばせそうか、

以上のように、作業とその成果を実際に見えるようにして、チームで回してきました。その結果として、スタッフの労働時間と工賃をみると、最低賃金の時給八九八円がスタートで、今、最高で九二八円まできています。現在、四時間の勤務が基本ですが、一番長い方で七時間勤務です。そのように時間が増えた方に対して、五時間、六時間となるにしたがって、一〇円、二〇円、三〇円というふうに時給を増やしてきました。収穫とパック詰めという基本業務以上に、マネジメントなど

のプラスアルファの活躍をする方に対して、給料をプラスする仕組みにしています。そのため、評価はかなり細かくしています。四〇名もいると、給料が上がることに対して納得をいかに得るかが大事になりますが、実際に作業が増え、貢献度が上がったから給料も上がるという仕組みには、納得感をもって皆さんは上を目指せると思います。それによって、業務の質も上がってきています。

労働時間が伸びていて、二〇一六年は一日に四時間未満でしたが、今では五時間くらいまで伸ばすことができています。伸ばすことができたということは、皆さんの工賃が上がって、生活の質が上がります。そうすると、より活躍したいという意欲に結びつきます。活躍するということは、それぞれのチームで活躍しますので、全体の施設の運営として売上が上がり、その利益は皆さんに返すことができるようになります。こうしたサイクルがまわるようになります。スタッフが活躍することで彼らの工賃が上がり、生活の質を上げます。誰もがワクワクする人生として、生活の質を上げることができ、結果として、それが施設の運営にも良い影響を生み出します。

農業で収益を上げる取り組み

農業でも、もちろんスタッフの主体的な活躍がありますが、さらに売上をしっかり上げるための取り組みを紹介します。

一つは、マーケティング戦略です。これは、商品の価値をどこに置いているかです。私たちは椎茸を販売していますが、障がい者が作った椎茸と銘打って販売しているわけではありません。椎茸の質が良いから売れるというイメージです。もちろん、障がい者が作った椎茸として宣伝すれば、売ってくれる場所は多くあります。例えば、市役所の一階のスペースなどでも販売してくれます。もちろん、そこで買ってくださる方もいらっしゃいますが、そこで買ってくださる方、障がい者の作った椎茸を買うということが目的なので、ある意味でボランティア精神や障がい者に対しての思いからだろうと思います。それはそれで良いことなのですが、一般の椎茸の市場を考えたとき、ターゲットがどこにあるのかと言うと、椎茸を料理で使う一般の主婦の方です。そこを狙うには、いろいろある椎茸のなかで選ばれなければなりません。そこで求められるのが質です。品質に満足していただいたうえで、お客様が買ってくださり、リピートになってくださるので、売上が上がっていきます。

商品の包装パックにはアスタネのシールが貼ってあり、そこには「アスタネ・キッチンは障がい者雇用に対して取り組んでいる」と表示しています。これは、買っていただいた後の付加価値だと思っています。障がい者が作った椎茸だから買うのではなく、おいしいから椎茸を買い、買ってみたら、実はそれを障がい者がつくっていたというふうになります。それは、自分たちが気づかないところで、実はそういう活動を応援している、ということになります。障がい者の方がこんなに質の高いものがつくれるんだという、社会に対してのメッセージにもなります。

したがって売り込み先は、百貨店やスーパーマーケットです。販売ルートは、Ａ品は百貨店、Ｂ品がスーパーマーケット、Ｃ品は地場野菜コーナーなどに並びます。Ａ品ばかりを作って出せば売上が上がるわけではなくて、四割くらいは規格外のものが生産され、Ａ品は全体の二割程度しかありません。例えば、五〇〇円の椎茸は一般の消費者はあまり買いません。百貨店では売れますが、一週間でそれほど多くは売れません。一般の消費者が手に取るのは一〇〇円から二〇〇円のものですので、どうしても出てきてしまう規格外のものをいかにして商品化して売るかが大事になります。したがって地域の取り組みとして、地場野菜のコーナーをできるだけ使っています。味は変わらないけど安いということで、いかに地域の人にサービス品として提供し、それが私たちにとっては売上につながります。配送チームの役割はここにもあります。そうしたＣ品をどう売るかに関しても彼らに任せていて、値段などの設定もして、しっかり売るということをしています。

　損益計算書を作成して、必ず黒字になるようにしています。スタッフの間では損益計算書の共有もしています。売上に対して、いくら足りないか、いくら売り上げればいいのかということも情報共有しています。販売データについても非常に細かく出していて、実際に月の収穫量と単価を共有し、それに対する取り組みを考えます。一か月単位の表をつくって、一日おきに数字を追っています。そうして、今月は足りなそうだとなった場合、地域のイベントなどを使ってさらに売っていくことをしていきます。自分たちの働きかけで売上を生み出せるところに仕掛けていって、しっかりと達成していきます。私たち職員が、イベントなどを増やしてというだけでは、なかなかチームとしては動きません。そこで私たちは、それをスタッフの人に一日に一回、売上の達成状況を皆さんに伝え、皆さんに考えてもらうようにしています。そのほうがスタッフ主体で、運営が回っていきます。

　スケジュールの作成・管理も非常に重要です。ブラウザ上で見られるスケジュール管理のシステムを使っていますが、その月の売上を立てているときには、予算の確認とともに、月末になったらすべての出荷先の店舗のマネージャーさんに、配送のチームから、来月のイベントはどうしましょうかという相談をしていきます。とくに売れている店舗からしっかりとスケジュールを組んでいき、売上が足りなそうならさらに声をかけていくというふうに、事前に働きかけを進めていきます。それも、売上をしっかり出していくために必要なことです。スケジュールをしっかり管理することで、実際、月に二二くらいのイベントをやっていますが、そのバランスを見ていきます。こうすることで、店舗の方が実際にどういうふうに売りたいというのが見えてきます。チラシが入る水曜日に商品を入れてほしいといった要望もありますので、平日の水曜日に売れる商材はどういうものなので、どういうふうな調理が提案できますというふうにしていきます。そういった管理をしながら、当月になってからも損益計算書を追うことで、安定した売上をとれるようになります。これを共有して、スタッフの人も一緒にやってもらいます。

生産管理も重要です。椎茸は放っておいても成長するわけではありませんので、温度や湿度管理が重要になります。今日は暑いからこれくらい、といった経験値が重要視される農業ですが、私たちはそうではなく、毎日のデータロガーを用いて、外気温と室温の変化に応じて、そこから改善案を探すことを毎日おこなっています。たとえば温度は〇・二度くらいまで設定しており、天気予報を見て予想される気温に応じて、一定の幅に温度設定をします。収穫量を見て、予定した収穫量に達していなければ、どこに原因があったのかを探って、次のアクションを考えていきます。

これも、基本は精神障がい者の方が全部やっています。椎茸は約七日で収穫できますので、次のアクションをとるまでの期間がとても短いので、サイクルも非常に多くなります。それにしたがって、成功体験も多いと言えます。

地域で、農家とマッチングの取り組み

地域に必要とされる存在になるのは、私たちの一つの目標です。これまで、椎茸の売上はいろいろな販売ルートでそれなりに達成してきましたが、それが持続可能かどうかを考えると、不安もあります。持続可能な状態にするには、他のルートで売上を伸ばしていくか、違う仕組みを考えていかなくてはなりません。そこで、今取り組んでいるのが、農家と保育園との連携です。農家が抱えている課題は、やはり人材不足です。スーパーマーケットの地場野菜コーナーで出会った農家と仕

事をしていますが、その農家がこう言っていました。世の中では働き方改革と騒いでいるが、実際に自分たちは、朝は早くから毎日何時間も残業していて、人も雇えない。私たちA型福祉施設の強みは、障がい者だということを除けば人材がいるということです。障がい者といっても、これだけ椎茸をしっかり生産管理でき、事業を運営できるスタッフ、四〇名という戦力があるということです。椎茸の繁忙期は冬で、寒くなると鍋需要で売上はあがりますが、夏場は需要が落ちてしまいます。夏場にはうちは人材が余っているのですが、農家は逆に夏場が忙しいという問題があります。それをマッチングして解決できないかと考え、始めているのが、今取り組んでいる事業です。

私たちは、農家の人の人材不足や残業が多いという問題を解決するために、私たちの施設の障がい者が戦力として入って行って、農家の働き方を変えることをしていきたいと思っています。施設外就労という形は、国からも補助が出ますが、一番の目的は、農家を助けるためです。収穫はしたものの、人手が足りないから、捨てて仕舞わざるを得ないという状況を変えて、それを売上に変えていくことです。それがより進化していけば、朝収穫した後の作業を私たちが請け負えれば、農家の人たちはいったん家に帰ることができます。そうすれば、農家の人も安定した生活を送ることができます。私たち障がい者施設の力を使って、そういった地域課題を解決できないかということです。

保育園では、子供たちの野菜嫌いの解消、食育の部分で私たちが入っていけないかと考えました。施設外就労は、たとえば一作業につき何十円というかたちで成果報酬を農家さんからいただけます。

その意味では、商品の売上も重要ではありますが、それ以上に、地域に愛される、必要とされる存在になっていることで価値を上げていったほうが、ネットワークが広がって、また違う役割ができるのではないかと思っています。施設外就労というのは、今は農家だけですが、イベントを減らしてでも、農家の助けをしていくことで、新たなビジネスとして売上が上がるのではないかと考えています。このように、地域にある課題をしっかりつかんでいくことが大事です。

農家、高齢者、福祉法人がウィン・ウィン

地域がなければ、私たちの利益が危うくなるということもあります。椎茸生産ではどうしても廃棄物が出ますが、菌床を産業廃棄物として処分しようとすると、月に一〇万円から二〇万円ほどもかかります。そのままではコストになるだけですが、地域の農家の協力で、数軒の農家に菌床を引き取っていただいて、それを畑の堆肥にしていただいています。私たちはゴミ処理が不要になりましたし、農家にとっても堆肥の材料が無料で手に入るというように、ウイン・ウィンの関係になっています。菌床を例にとりましたが、私たちにとってはコストですが、地域の人たちはそれを必要としているものがほかにもあれば、それを結び付けることでお互いに助け合うことで成り立っていきます。それも、施設外就労と併せて、ネットワークという意味でも、売上にもつながるし、地域への貢献にもつながることだと思って取り組んでいます。

現在、農業を始めた企業が参入していただいて、そこでは菌床を買っていただいています。これも、利益を生み出す新しい取り組みになります。こうした視点も大事だと思っています。現在、埼玉の浦和地区で椎茸を通して事業をおこない、農業でも売上をしっかり出し、地域との連携にも取り組んできました。そうしたビジネスモデルは黒字化できています。今後、次のステップは、事業を広げていくことです。

地域には、農家だけではなくて、高齢者、福祉法人など、さまざま個人・団体がありますが、それぞれに課題を抱えています。農家は人手不足が深刻ですが、地域全体でみれば高齢化が進んで、若者が東京都内に流出してしまっていない。それによって農地が使われなくなっている。また空家も大きな問題になっています。私たちアスタネの今後のビジネスとして、課題を抱えている人たちとの間に入って、お互いにウィン・ウィンの関係をネットワークでつくりながら、一つの収益モデルをつくれないかと考えています。たとえば施設外就労を取り入れていくことで、労働力を農家に提供できるということがありますが、逆に、農家は販路開拓にも困っていることもあり、私たちの販路先で農家の生産物を売っていくということも考えられます。加工することで、新しく売上につなげられるのではないかとも考えています。

高齢者の問題で言うと、自動車の運転が難しくなって、なかなか買い物に行けないという人に、私たちが配送のついでにそれを手伝えないかということもあります。農業でも、椎茸という一つのアイテムだけで利益を出していくのは、非常に難しいので、農業を軸にしつつ、少し違うサービスを組み合わせて、しっかり利益を出せるモデルをつくっていくことが、持続可能になるだろうと思っています。今後は、そうしたことを見据えて、椎茸の成功を踏まえて、地域課題を解決するために私たち障がい者が参加していくモデルをつくっていきたいと考えており、できれば来期くらいから始めたいと思って、情報を集めているところです。農福連携をきっかけに、日本の農業をけん引していける存在になれればと思っております。

（ねもと　かなめ）

〈質　疑〉

――順調に事業を伸ばしてこられておりますが、施設長としての悩み、あるいはスタッフの方々の悩みというものはありましたか。

根本　精神障がい者の方を四〇名雇用にスタッフは五名ですので、事業はまわっているものの、ストレスがかかりやすいということはあります。精神障がい者の方のなかにも、何かがきっかけになってトラブルが起こることもありました。それは、コミュニケーションのなかで解決してはいけますが、そうは言っても、突発的に起こると、ストレスが私たち職員にもかかります。働き方を主体的にしたからこそ欲求が出ているということもあると思います。

承認欲求が得られたということは、より承認要求を求めるようになってしまうことがあります。そこまでくると、支援としては、いかに個人で面談をして、一緒に考えていけるかが大切になります。それぞれの支援スケジュールや問題を起こしたときに、どう支援していこうかということは日々考えていかなければなりません。それが悩みになるかもしれません。私たち職員も抱え込み過ぎると、ストレスになって、危険な状態になる可能性もあります。そのとき、職員間の人間関係が重要になります。私たちどうしでも、譲り合ってきちんとものを言えないのも危険です。サービス管理責任者など五名の職員がいますが、この人たちがフラットに話せる状態を常につくっていくことが重要だと思っています。

例えば、夕方帰るとき、家に仕事を持ち帰るのに対して愚痴を言えるかどうかは大事なことだと思います。人間関係ですので、難しいことではありますが、そういう意識を常にもっていないと、抱え込み過ぎてしまいかねません。ストレスマネジメントの知識をもっと手に入れて、支援する側の対策も必要だと思っています。

――農福連携は国でも推進していますが、取り組むにあたっては、どのような情報が必要で、どう動いていけばいいのでしょうか。

根本　アスタネはここまで成功してはいますが、一つの課題は初期投資でした。建屋に九〇〇〇万円くらいはかかっています。本来それほどかけなくてもよかったのかもしれません。農業に関する知識がもう少しあったら、実際のコストをもっと厳密に計算できていたでしょう。情報がないと、業者の言うことを鵜呑みにしてしまいます。私たちのように福祉支援から入ると、行政の窓口は障害福祉課ですが、農業をやるとなると、県や市町村の農政部局が関係してくるので、要領がよくわからないところがありました。場合によっては、たらい回しにあったこともありました。行政もお互いに連携していれば、私たちも一つの窓口で済みます。その意味では、スピード感に課題があるかもしれません。

――　障がい者の方のうち具合が悪くて欠勤するようなときでも仕事が回るようにチームはつくられているのですか。チームを回していくためには、どんな工夫をしているのですか。

根本　A型事業所には、B型に比べれば比較的安定した人が集まって来ています。始業時間から来ている方は、信頼ある状態で来ているので、そういう意味では安定しています。そうはいっても、一日に、だいたい三〜四人が欠席することはあります。それでも出勤率は九〇％くらいと、出勤率自体は上がっているので、改善されてきているとは思います。配送チームのスタッフが休むと厳しいので、その対策として、そのリスクを見込んだシフトを組んでいます。収穫やパック詰めでの欠勤も起こりますが、精神障がい者の方がマネジメントをしていますので、欠員が生じると、彼らがそれに対して対策をとりますが、一つは、会社を休むと次に行きたくなくなる、あるいは皆にどう思われるかと考えがちですが、それはないようです。精神障がい者の方は、自分でもそういう経験があるので、誰かが休んだとしても、次に来れば純粋に喜ぶようです。

その意味では、ポジティブな職場になっていると思います。体調を崩しても休むと言いやすい環境ですし、その後に復帰しやすい環境を整えています。そうは言っても、緊急に起こったときは、一日のスケジュールを組み直さなければなりません。精神障がい者の方がスケジュールを組み直すのは、いい練習になるのかもしれないと思って、取り組んでもらっています。また、精神障がい者の方は、どちらかというと変化に弱いところがあって、体調を崩してしまうこともあります。変化があったとき、誰がどう業務を回すことによってそれが改善できるということを知るきっかけにもなります。最大のリスクである配送のところはフォローしながら、それ以外は、皆がレベルアップするために必要なことと割り切って対応しています。

――売上がかなり伸びてきていますが、具体的にはどのようなところへ販売しているのでしょうか。販売促進にあたって、品質で重視するのはどのような点でしょうか。

根本　今のところ、四四店舗に販売しています。ほとんどは埼玉県内ですが、A品だけは東京都内の四～五店舗の百貨店に出しています。B品は、とくにさいたま市の大宮や浦和エリアのスーパーの三〇店舗くらいと取引しています。近い所にB品を置いているのは、配送コストの問題です。A品は三〇〇～四〇〇円で売れますが、宅配便で配送すると運賃に一〇〇〇円くらいもかかってしまいます。とくに夏場はクール便を使わなければなりません。そうすると、B品を自分たちの車で近くに配送するほうが利益が出やすいことになります。やはり、いかにコストをかけずに地域で上質な物を売っていくかがポイントになります。

――スタッフのなかには、アスタネから次のキャリアへステップアップしていく人もいるのですか。

根本　作業を改善していくことで、賃金が上がり、労働時間も長くなりますが、それは企業への就職が近づくことでもあります。企業に就職すると週五、八時間働きますが、福祉施設での四時間からいきなり八時間になるのは相当大変です。それまでに、うちの施設のように七時間まで労働時間を延ばせれば、企業での就労までの準備になると思います。昨年は、うちから五名の方が企業に就職できています。A型事業所では年に四％くらいしか就職に結びつかないといわれているなかで、私たちの施設としては就職していくことは珍しくはなくなりました。入ってくる方の六割くらいは、アスタネをステップにして企業に就職したいという思いをもっているので、個別にゴールを設定して、それを目指して準備をしていきます。

そうは言っても、同じメンバーが常に同じ仕事をしていると、チームでやっているとはいえ、たとえば新しいアイデアが出なくなったりして、モチベーションが失われていくことがあります。そこで就職する方が出てくるということは、ほかの方ももう一度考えなおす機会になることもあります。就職する人が出れば、新しい人を採用することができるので、組織にとっても、常に新しい方が入ることで歯車が回り、違う働き方を考えるきっかけにもなります。したがって私たちは、就職したい人の支援をしていますし、それによって新しくスタッフに入っていただくことが、Ａ型施設としての価値が維持できると思っています。

――精神障がい者の方は椎茸栽培に向いているのでしょうか。なぜ、椎茸を選択されたのですか。また、ハウス以外で農地はあるのですか。

根本　精神障がい者への農業の効果は、自然に触れることで回復するとよく言われます。しかし、それでうちのスタッフの人たちが回復していったというよりは、農業は生産から販売までを見ていく、そのプロセスを見ていくことに効果があったのではないかと思っています。自分たちが収穫した物が商品として売れていく喜び、それでお客様からおいしかったと言ってくれることは、なかなかほかの仕事では体験できません。

それが農業だとできるのです。収穫やパック詰めなどそれぞれの作業では課題も出てきますが、それをＰＤＣＡで回していって、それぞれの課題で成功体験を積めることはメリットです。やはり、自分たちがつくったものが社会に喜ばれるというのは、社会につながっていると感じて、そこに生き甲斐を感じているというスタッフもいます。そうした意味で、農業と精神障がい者の相性がいいと、実際にやってみて思いました。そのなかで、椎茸はどちらかというと、利益のことを考えて導入しました。菌床を棚で管理できるというのは、農業のなかでも特殊ではないでしょうか。出荷量がしっかり確保できることがメリットです。椎茸自体がほかの野菜と比べて、年間を通して安定した単価でしたので、販路があれば安定した売上が望めることもあります。露地野菜などでは、天候の影響で出来が左右され、生育のいいときは大量に出るので単価は安くなってしまいます。その点、椎茸はハウス内で栽培するので年間を通して安定して出荷できます。

なお、実は、次の展開を目指して、現在、農地を探しているところです。農福連携をきっかけに、いくつかの先進的な取り組みをされている所に話を聞きに行って、情報を集めている段階ですので、決して具体的な計画があるわけではありません。

――労働力の提供を通じて地域への貢献を果たされていますが、今後、展開されるにあたって、必要な人材はどのように組織していくのですか。配送についても、新たな事業では新たな対応が求められてくると思います。どのようなことから着手されるのでしょうか。

根本　今後の展開として、今のアスタネを拡大するという方向もありますが、他の地域での展開をしていくことも考えられます。その場合は、その地域の精神障がい者の方を雇用していって新しいチームをつくっていくことになります。とくに今後、加工を手掛けようとすると、私たちにはその知識がまったくありませんが、さいたまのアスタネとしては、椎茸に関連したもので始めようとしています。

今後、ビジネスパートナーを見つけていくことも必要になってくるかもしれません。椎茸では初期投資が大きかったので、次は、もう少し地域資源を利用したいと思っています。例えば、もう使われていない加工品を製造していた施設があれば、そこに私たちが入っていって、それを運営していた農家があれば、技術を教えていただいて一緒にやっていく、あるいは、そうした事業をしている企業と一緒にやっていくことなどが考えられます。

いずれにしても、私たちがゼロから加工品を作ってそれを売っていくというよりは、地域資源やネットワークのなかで同じ思いを持って一緒にやってくださる方とやっていきたいと考えています。そうなると、配送も今のルートのままでは使えませんので、その地域のなかで組み直して、販路の開拓とともに、何が実現できそうかをみていくことになります。六次産業化を視野に入れると、ひとつの売上の軸として加工は大事ですので、アスタネとしても取り組んでいきます。今後の展開で可能性が高そうなのは、加工を中心にやっている企業と一緒にやろうという話がありますので、ブランディングに強い会社にブランディングをしていただいて、加工に強い会社に加工をしていただく、そして私たちは質のいい椎茸をそこに提供する、それを皆で運営していくことはできそうです。

―― 施設外就労として、地域の農家で障がい者の方が働いておられるようですが、施設での椎茸とは異なる作目の場合、作業の仕方などで工夫が必要になるのでしょうか。また、労働力を必要とされる農家とはどのようにマッチングをされているのですか。

根本 施設外就労で現在おこなっているのは、ホウレンソウなどのパッキング作業です。成果報酬でさせていただいています。障がい者の方を派遣するにあたって、受け入れ側は、どこまでできるのか、どこまで面倒をみればいいのかが気になります。時間給にしてしまうと、時間がかかっても成果はそれほどではないということになってしまいかねない。単価は、ホウレンソウ一束で二〇円です。私たちも、施設外就労を始めたばかりで、まだ試行的な部分もありますので、働き方については今後も検討していくことにしていますが、今のところ、職員が一緒についていって、一週間に一回四人程度が作業をしています。施設外就労においても、施設内と同じように見える化の仕組みを導入しようと考えているところです。精神障がい者の方は、まったく異なる作業にはまったく対応できないわけではなくて、椎茸の場合は一五種類以上の規格がありますが、きちんとできています。例えば、何グラムでこういうふうにまとめるというふうに写真などで説明しておき、作業工程を動画で見せるなど、いろいろな仕組みを使ってみたいと考えています。

農家と私たち、お互いにウィン・ウィンになるにはどうしたらいいかを考えていきます。障がい者がやるとどうしてもスピードは落ちますが、農家に早く作業するコツを学んでいくことも大事で、それを障がい者にもできるように、かみ砕いて説明するにはどうしたらいいかを農家と一緒に考えていくつもりです。プロである農家に作業をいかに学んでいけるかも重要だと思っています。今、作業をしている農家とは、スーパーの地場野菜コーナーに出荷している関係でたまたま話があったものです。ほかにも、地域のなかで労働力が足りないという声が聞ければ、話をもっていけると思います。マッチングの仕組みに関してはやはりあったほうがいいと思っています。たとえばＬＩＮＥに登録しておいて、人手の要望に対してマッチングをするアプリもあるようです。私たちが普通に使えるもので、ここで人が足りないといった情報が簡単に得られて、求人の情報も簡単に出せる仕組みがあればいいとは思っています。

——障がい者の方の働く場はまだまだ広がるとお考えですか。そうした就労での課題は何でしょうか。一方、職員の人材確保はどのようにしているのでしょうか。

根本　障がい者の方が一般企業へ就職する間口はかつてよりは広くなってきてはいると思います。法定雇用率はさらに上がりますので、企業に入っていく方は増えていくでしょう。

企業に就職しやすくなったとはいえ、長時間の就業時間や欠勤への理解など、その条件はまだまだ厳しく、精神障がい者でもかなり安定した方しか務まらないでしょう。ようやく安定したので仕事を探したいのだけど経験があまりない、一般就労にはまだ早いという方たちは少なくありません。

そうした方たちにとっては、少しではあるものの働きながら給料を得られるＡ型施設の価値はあると思います。就労移行支援制度は、二年という限られた期間のなかで一般就労を目指しますが、サービスを受ける立場として費用を払う側になりますが、Ａ型施設では支援を受けて就労を目指していてもお金がもらえることから、生活を考えていきながら価値を見出していくことができます。Ａ型施設の運営は難しいですが、その必要性はまだまだあって、それを利用したいと思っている方もけっこういるのではないかと感じています。私たちはさいたま市の浦和地区で人口が多い都市部ですが、職員としてのサービス管理責任者の採用には苦労しました。最近、サービス管理責任者の要件が緩和され、人材を増やそうという動きはあるようです。職員が足りているかと聞かれれば、足りていないのが実情です。資格をとるのに条件が厳しく、福祉の関係は賃金も低いので、やはり人手不足になります。

―― 根本さんは、どのような経緯で今のお仕事をされるようになったのですか。

根本　私はもともとまったく違う分野にいました。大学のときには社会福祉を学んでいましたが、就職したのは小売業で、そこで三年働き、その後、飲食業に五年いました。その後、改めて福祉業界に入りました。従って、ほかの業種を経験したことで、経営に関しての知識や組織作りのついての経験が結果として役に立っているかもしれません。ちなみに、今のアスタネには農業経験者はまったくいません。職員だけではなく障がい者もいろいろな経歴をもっていたために、さまざまなアイデアが出やすかったということもあります。

もちろん、精神保健福祉士などの資格をもった職員もいます。スタッフだけではなく職員もそれぞれが得意な役割を持っていて、それぞれがひとつの目標に向かって行動すればいいと考えています。法定雇用率があって障がい者の方たちも社会に出るようになりましたが、しっかり活躍できるということはまだまだ社会に知られてはいないと思います。

私たち職員は、日本の精神障がい者が働いていて、彼らが活躍できるということを発信したいという思いをもって取り組んでいます。ここまでの経緯は異なっていても、今目指すことは同じです。

―― 売上が上がらなかった当初の二年間はどのように乗り越えたのですか。また、スタッフの給料を上げるにあたって、昇給の基準のようなものがあるのですか。

根本 当初の二年間は、国からの助成金を合わせても赤字でした。そのままでは閉鎖せざるをえない状況でした。売上は椎茸の売上と報酬請求を組み合わせますが、報酬だけでは運営していけません。椎茸の菌床栽培には、散水して成長させるタイプと浸水させて成長させるタイプがありますが、菌床自体を代えて、自分たちで生産をコントロールできるタイプに変えました。その場合、かなりの人手がかかり、スタッフの主体性をとはいうものの、皆さんにかかる作業負荷はかなり大きくなります。果たして、精神障がい者の方にその作業ができるのかという不安をもちながら取り組んでいました。生産を安定させるためにその方式を導入し、スタッフにも今までよりも体力を使うことになりましたけれども、作業の効率化も改善できると考えていました。報酬請求が農業収入を上回っている時期が続いていましたが、家賃や施設の減価償却、職員の給与を考えると、農業の収益がないと経営は続けていけなかったでしょう。

なお、給料は面談をして、広げたい仕事の幅などを聞いて、勤怠の安定を含めて決定します。たとえばイベントに出たいという希望があっても、四時間という通常の勤務時間はパック詰めで終わってしまいます。加えてイベントに出るためには一時間余計に働きますので、そのときに給料を変えます。収穫とパック詰めという基本業務を超えたことにチャレンジしたいという方に、その時点で給料が上がる仕組みにしています。その条件は、勤怠が安定していて、増やしても大丈夫そうだということです。年功序列ではありませんし、キャリアでもなく、あくまで活躍したいと思ってチャレンジすることに対価を払う仕組みです。

―― 今のところは障がい者のスタッフに任せてはいないものの、今後は任せたいという作業がありますか。

根本　運営のなかでは、ほとんどの作業を任せています。私たちがいなくてもまわっていく状態になっていると思います。加工品についてはこれから取り組もうとしていています。生椎茸で売上を出してきましたが、今期、施設外就労として掲げている目標は、加工品を作ることです。そのチームを立ち上げたところですので、今、売り方やブランディング、各種申請について、スタッフがミーティングをしていますので、それをサポートしながらかたちにしようとしているところです。できれば加工についても、例えば、今では廃棄しなければならなかったものを商品に変えるなどの取り組みをしていければと思います。それで売上が上がるのであれば、そっちにシフトしていけば、皆さんの活躍がそのまま利益につながります。そのように、加工品をチームに任せていきたいと考えています。

（二〇一九・六・一八）

新たな可能性を広げる農と福のWIN-WINな出会い

ＪＡ松本ハイランド営農部営農企画課
鎌　伸吾

ＪＡ松本ハイランドの鎌伸吾と申します。私たちはこの取り組みを始めてまだ、一年半ですので、お伝えできることが十分あるかどうかわかりませんが、今取り組んでいる内容について、お話をさせていただきたいと思います。

ＪＡ松本ハイランドの概要と農業の状況ですが、当管内は長野県の中心地区にあり、松本市と安曇野市を中心に二市五村にわたっています。管内の人口は約二一万人、よくある地方都市です。標高が六〇〇メートル～一一〇〇メートルと高原に位置し、中山間地と農村地域と市街地域が混在している地域です。年間の降水量は約一一〇〇ミリと非常に少ない所です。最近、一日当たり五〇〇ミリという豪雨のニュースを聞くことがありますが、当地は年にその二、三日分の降水量しかありません。その結果、日照時間が非常に長くなります。最高気温三六・九度と、東京とあまり変わりませんが、最低気温はマイナス一八度くらいになり、冬の農作業が困難な地域です。ハウスがなければ冬場の農業はできません。

私は、二〇〇〇年に学校を卒業と同時に農協に入り、まず旅行センターに配属されました。そこで七年間勤め、旅行や保険など関連した資格をとっています。その後、広報課に異動し、日本農業新聞の特別通信員も務め、多いときで月に二〇本ほどの記事も書いていたこともあります。テレビのリポーターなどもやり、農協全般のＰＲ活動をおこなっていました。それから、ＪＡ全中や長野中央会に出向し、その後、営農部営農企画課に配属されました。

農業の人手不足は深刻で、有効求人倍率は他業種を上回り、肉体労働であることに加えて、期間限定であるため働きづらいということが言えます。農業では、時給一二〇〇円にしても人が集まらないという状況です。東京であれば、一〇〇〇円くらいが普通ですが、長野県の最低賃金は八二一円ですので、ほかの業種であれば八五〇円、九〇〇円出せば人は集められるのですが、農業ではそうはいきません。

スポット的なアルバイトはさらに確保が難しい。天候に左右されたり、生育状況によって、作業が重なって急に手が回らなくなることがあります。例えば、今週ブロッコリーを出荷し、来週はキャベツを出荷しようと計画していても、急に暑くなるとキャベツが大きくなって今収穫しなければならなくなります。そうすると、来週分の人手を今週にもってこなければいけなくなります。このように、スポット的に人手が欲しい場合があるのが農業です。

人材派遣会社を使えば人は集められますが、時給は一四〇〇円と高額ですし、作業を教えなければなりません。それでも、雇わなければならない状況にあります。近所の方にお願いすると、引き受けてもらえることも多いのですが、最近では高齢化が進み、それも難しくなってきています。

農福連携の取り組みを始めたいきさつ

私の現在の担当業務は、労働力調整および確保対策で、外国人技能実習生についての業務も担当しています。実習生制度に新たに特定技能が加わり、外国人の労働力を含めて担当しており、加えて農業アルバイトのマッチングもおこなっています。農作業をしたいという人と農家を結びつける仕事です。青年部組織で、農業後継者の育成・指導もおこなっていて、若手の農家の集まりの事務局も担っています。集落営農や生産法人の支援もおこなっています。ほかに農政活動、六次産業化、都市農村交流についても担当し、県や市村の団体との懇談会の業務もおこないます。こうした業務のなかで、農福連携にも携わっています。

農福連携の取り組みの原点は、労働力の確保対策でした。出向から戻って最初に与えられた課題は、地域住民と連携した労働力の確保、低迷する農作業アルバイトの確保、そして多様な担い手と協働した地域農業の活性化でした。そこで最初に思いついたのが、引きこもりやニートといわれる方々で、彼らなら暇で体力もありそうだと思いました。そうは考えたものの、そうした人たちがどこにどれだけいるのかがわかりません。そこで、刑務所出所者が、若くて更生できていても職場がないものの、法的な支援組織がしっかりしていることから、有望ではないかと考えました。広報課にいたとき、障がい者の方が職場にいて、パソコンもしっかり使えるし、コミュニケーションにも問題はありませんでした。若干の肉体的なハンデはあるものの、普通に仕事ができました。しかし、福祉事業所に通う障がい者の人たちの体力は未知数だったので、刑務所出所者で取り組むことにしました。法務省関係や厚労省関係などに相談しながら、労働力確保の取り組みを始めました。着任してから半年後くらいに始め、すべての組合員に取り組みの周知をして、説明会をおこないましたが、参加農家は八戸に過ぎませんでした。実際に採用した農家は一戸だけで、組合員農家には全く浸透しませんでした。

　農協青年部事務局を担当していましたが、その集まりのときに、障がい者のことを話してみると、興味をもっている人が意外と多く、しかし、始め方がわからないということでした。誰でもできるような草取りを友人に頼んだところ三時間もするとしんどくなって帰ってしまうと、そんな話もありましたが、農作業は基本的に一年に一度しかないので適期を逃すと一年経ってしまいますので、急いで、農福連携に取り組もうと上司に相談し、青年部のモデル事業としておこなうことになりました。

新しいことを始めるとき、組織で一番困るのが「俺は知らなかった」ことです。そこで、刑務所出所の案内を始めたときは、全組合員に事前に周知し、段取りをつけていました。労働力はみなさん欲しいので、あそこだけいい労働力があって、なぜうちでできなかったのか、となるといけません。しかし、若い農家だけでモデル的にやるのであれば、「若い者が何かやっている」ですむことも多い。たまたま青年部の事務局を私がやっていたということで、うまくいったのだろうと思います。

ただし、実行前にあらゆる問題を解決しておくことが大切です。基本的にはモデル事業として実施しますが、本格稼働することを視野に入れてモデルづくりをしました。青年部四五〇人全員に声をかけました。その結果、何人かの農家がやってみると手を上げました。今は、動画サイトでいろいろなものが見られる時代ですので、障がい者の作業の様子は見られるものの実際に現場でやってみようということになりました。

それでも、何からスタートしていいかわかりませんでしたので、長野県セルプセンター協議会の農福専門のマッチング・コーディネーターに相談しました。青年部にやってもらいたい仕事があることは事前に把握していましたので、福祉事業所からも来てくれ、翌週から作業を始められました。やってみたら、想像以上の働きぶりで、これはいけるとなりました。

協同組合ですから、経済的・社会的・文化的なニーズや願いを実現するために、組合員自身がどうしたいか、たとえば誰に相談すればいいかわからないという思いがあるのであれば、それを実現するのが農協職員の仕事であろうと思いました。協同組合とっての価値観は、平等・公正そして誠実で包み隠さず社会的責任と他者への配慮です。そうしたことを基本にモデルをつくっていきました。一八四四年のロッチデール組合から引き継がれ、一九九五年に制定された協同組合原則の第七に地域社会とのかかわりがあげられています。若手農家のなかにもそうした思いの人はいて、地域社会とかかわりを大切にして始めた取り組みでもあります。

障がい者の受け入れにＪＡの強み

障がい者の受け入れ方には、大きくわけて二つあると考えます。それは、直接雇用と福祉事業者に作業の依頼をすることです。私たちＪＡでは、福祉事業者に作業を依頼するということを考えました。福祉事業者にはＡ型、移行就労、Ｂ型がありますが、とくにＢ型事業所を考えていくことになりました。地域のなかで、Ａ型事業所は三、四つくらいしかなくて、Ｂ型事業所は五〇～六〇ありました。Ａ型事業所は直接雇用しているだけに、引く手あまたで、採用しづらいのではないかと考えました。比較的障がいの重い方がＢ型に通っているのですが、その方たちと一緒にやっていくことにしました。

Ｂ型事業所の月平均工賃は一万五〇〇〇円と、非常に少ない収入です。このほかに国からの支援や家族の支援はありますが、障がい者の収入は時給換算で一九九円、一日当たり四時間くらい働く感じで、一日働ける人でも二日に一日くらいしか働けないということになります。やはり、就労の体への負担が少ないのがB型事業所の仕事の特徴ではないかと考えられます。農作業に来ていただいている方は、B型のなかでも、もうA型に行けるのではないかとも思える比較的障がいの軽い方が来ていまして、朝九時に集合して午前中の作業をして、昼食をとって、午後に作業をし、午後四時くらいには帰るというスケジュールになっています。うちでマッチングしている農福連携はこの時間帯でしか働けません。午後から始めるパターンの方も午後三時半になると、作業の途中でも帰っていきます。四時には事務所に集まって終礼して家に帰らなければなりません。

農作業アルバイトのマッチングをしていたとき、厚労省の制度で求人と求職を無料で斡旋していました。それを参考に、農家から作業依頼を受けて、福祉事業所から作業依頼を受けて、両方が契約を結ぶのを支援するというシステムを考えました。本来は、求職者にお願いをするだけですが、実はJAから福祉事業者に対して積極的に働きかけをおこなってきました。

JA松本ハイランドの強みは、現場に担当者がいることです。各現場に営農指導員がいます。米、果実、野菜、畜産それぞれの指導員がいて、農家と直接話ができます。そこで、農福連携をやりませんかという話をして、決まった案件が各営農指導員や課長から営農企画課に話がきます。話がきたものを、福祉事業所に作業依頼をして、最終的に福祉事業所と農家が契約をするというかたちになります。その間には、現場でどんな作業があるといった細かい話ができるのが、現場に指導員がいることの強みであると考えています。

このような農福連携の対象者は、すべての販売農家です。昨年度の私たちＪＡの農産物販売高は約一九五億円で、野菜・花が一〇〇億円、その他、米、畜産がそれぞれ三〇億円くらいです。作っていないのは、ミカンとお茶くらいです。販売農家数は約四八〇〇戸、総農家数は減少してきているものの、専業農家数は少し増えてきています。第一種兼業農家が専業に移行しているとみられます。そうした販売農家を対象に、六〇の事業所とマッチングをしています。

福祉事業所への農作業依頼の概要

農作業に来る障がい者には必ず施設職員が同行しています。施設職員が責任をもって受託作業を完遂していただきますので、非常に安心です。たとえばジュース用トマトの収穫作業には、二人に一人の施設のスタッフがついて、一緒に作業をして、スタッフの指示で障がい者は休憩をとったりしています。もちろん、困ったらすぐに農家を呼んで相談ができるようにしています。

また、障がい者のケガや事故などは、福祉事業所が保険に入っていますので、農業者が改めて保険に加入する必要はなく、農家としても非常に安心です。障がい者との雇用契約もありませんので、農家が労務管理をする必要もありません。

報酬は、時給ではなく作業量に応じ歩合制にしていますので、作業料金が事前に確定していることから、明確で安心です。たとえば二〇㌃の長芋の畑での撤去作業では、一〇㌃当たり三四〇〇円で作業依頼をしています。通常、農家が二人でやれば二時間かかる作業ですので、時給八五〇円の二人分と考えました。これを一日かけてもいいですし、一時間で終わらせても、支払う料金は同じです。健常者を基本として料金の算出をしていますので、人数が多ければ、早く終わることになり、労働力を安く使っているということではありません。

さらに、事前に調整することで、スポット的に必要な労働力が確保できます。作業を依頼するときは遅くとも二週間前には依頼してほしいとはしていますが、緊急に労働力が欲しいときもあり、たとえば、金曜日の夜に電話で月曜日から頼むということもあります。作業は、少ない場合で障がい者二人と職員一人、多いときで三事業所から障がい者一〇人と職員五人が畑に入ることもあります。そうすると、遅れていた作業が一気に片付きます。

楽しみながらしっかり働く姿を目にして

昨年は一八戸が利用し、作業は一〇六回で、障がい者が三二三人働き、同行した職員は一六九人でした。三〇年度は、作業回数は多かったものの、参加事業所は八事業所で変わりませんでした。やめてしまった事業所が二つ、一方、新たに参加した事業所が二つで、八でした。

作業については、モデル事業でメニュー化したものとあまり変わらなく、全部で一一作業あります。基本的には、ジュース用トマトの収穫、片付けなどです。いずれも、基本的には、農家が健常者のアルバイトを雇ったときにどのくらい時間がかかるかを基準にして料金を算出しています。

ジュース用トマトの収穫の場合、収穫したトマトは二〇キロをコンテナに入れなければならないのですが、乱雑になるのをさけて、トマトを採る人、運ぶ人、最後に職員の方が丁寧にコンテナに入れて、二〇キロの単位にしていくという仕方です。

ジューストマトの片付け作業では、収穫した後のジュース用トマトの茎などを一カ所にまとめて燃やします。抜いてまとめる作業をお願いしています。障がい者二人に一人の職員がつきます。職員の方が一人いれば、広い畑でも目が行き届きます。ここでは、農家は初めの三分くらい作業仕方を説明するだけで、すぐに次の現場に行ってしまいます。農家には、現場にいつもいる必要はないものの、施設の職員が困ったことがあったらすぐに電話にはでられるようにしてくれるようにいっています。素人だけで畑にいることもあるので、何かあったら困るので、そういうときはすぐに電話で問い合わせてもらえるようにしています。

ネギの畝間の草取り作業もあります。一列に並んで一斉に草を取り始めましたが、人によって進み具合には違いがあります。それでも、一反いくらというかたちでお願いしているので、早い人はいくら早く作業をしてもいいし、遅い人はそれでもかまいません。頼む農家のほうも、今日中に終わらなくてもいいというかたちで依頼をしています。それが受け入れ農家にとって、歩合制のいいところだと思います。普通のアルバイトにお願いしたら、三時間で終わりますが、歩合制でやれば、一日でも二日かけることにもなります。農家にとってみれば、かけた金額は一緒です。ただ、待っていなければいけないという我慢は必要にはなります。

ハウス内の草取り作業もハウス一棟いくらでお願いしました。なかには、軍手についた草をいつまでも気にしている人がいたりして、なかなか作業は進みません。従って、時給で支払うのは厳しい。時給で払ってしまうと、農家としてはもう少し早くやってほしいと思ってしまいますし、依頼を受けた事業所側も、何とかもう少し早くやらないと申し訳ないというふうに思います。ハウス一棟をやるのに、農家であれば三〇分くらいでできますので、四〇〇〇円に設定しました。それを一日でやってもいいし、何日かけてもいい。ほんとうは、農家がやらなければならないことを、後回しにしてやっていないわけですから、そのうちに草取りしてくれればそれでいいというかたちです。

ハウス内の作業ですので非常に暑いので、熱中症などには十分に気をつけています。事業所の方が、お茶を補給してくれます。障がい者の方には、薬を飲んでいたり食事制限がある人もいて、農家は今でも一〇時と三時の休みは欠かしていませんが、勝手に彼らにお茶やお菓子はあげることはできません。障がい者の方にとって、お菓子やお茶を出されると、かえって迷惑をかけることになると言います。個々の事情を把握している事業所の職員の方が対応するほうがいいようです。その意味では、農家側の手間はあまりかかりません。

マルチを剥ぐ仕事もあります。畑にレタスやキャベツが植わっていて、それらを収穫し終わったら、マルチを剥ぎます。マルチを剥ぎ終わったら、トラクターでロータリをかけて、もう一回マルチを張って、次の作柄の準備をします。他の作物の収穫が重なると、どうしても収穫が優先されて、マルチ剥がしは後回しになってしまいますが、それをしないと次の作物が植えられず、収入に影響します。そこで、障がい者の皆さんにやっていただいています。まず、農家がこんなふうにやりますと説明します。重量によって廃棄の費用が変わりますので、剥がしたビニールは裏返して乾かして少しでも軽くします。乾いたビニールは丸めて一カ所にまとめれば作業は終わりです。

例えば、多動障がいの方は体を動かしていないと落ち着かないので、体を使うような仕事はかえって向いているのかもしれません。作業によっては、得意と不得意があるので、事業所の職員の方が見ていて、支援しています。農家としても安心して作業をお願いできます。

牛舎の掃除でも、まず農家が説明をします。毎週月曜日にお願いしているのですが、もちろん事業所の職員がついていますし、障がい者の方でもまったく問題なく作業ができています。牛舎内は臭いし作業もつらいのですが、あとで聞いたら、楽しいと言っていました。

長芋の棚の撤去作業もあります。地上部の茎や葉を片付けて、地中のイモを掘ります。まず、農家が事業所の職員の方に作業を説明します。支柱にかかっているネットを外し、支柱を抜いて一定の場所まで運んでまとめます。支柱は同じ向きに揃える必要があります。

ブドウの剪定枝の片付けもお願いしています。剪定した枝をまとめて置いたものを、ひもで結んで縛って、一定の場所まで運ぶ仕事です。ある時、五人の障がい者が来ましたが、そのうち紐を結べる人は一人しかいませんでしたし、運べる人は二人しかいませんでした。他の人は見ているだけでした。歩合制でやっているので、これでもかまいません。

障がい者を受け入れるにあたっては、誰でも不安があります。しかし、事業所の職員がサポートしているので、農家の皆さんには実際やって見てから判断してみてくださいと言っています。障がい者の皆さんは、楽しみながらしっかり働いてくれています。

「臨機応変は通じない」受け入れの心得

受け入れる農家には、次のような話をしています。障がい者によって得手不得手があります。知的障がい者の方はあいまいな作業は苦手ですし、精神障がい者の方は自分で工夫して取り組むことはできますが、向き不向きや体調や気分によって変わります。そうしたことも、障がい者を知るという意味で、気長に取り組んでみたらどうですかと言っています。基本的に、雇用が困難であることへの理解をしてくださいということも言っています。年齢や体力の面で、一般企業での雇用は困難です。健常者を基準とした無理な労働を強いないことも大切です。もっとも、時給ではなく歩合制にしているため、無理な労働を強いることはないと思っています。作業効率ということは忘れて、叱ったり怒ったりなどは絶対にしないようにとお願いしています。もうちょっと早くやってほしいというふうに思っている人もいるようですが、歩合制なので、そこは妥協をできているようです。個性に応じた対応も必要です。受け入れた青年部の人に話を聞くと、障がいのある人と話をしてみたい、いろいろな人とコミュニケーションをとりたいと言いますが、障がい者のなかにはうまく話せない人もいます。コミュニケーションをとるのは歓迎ですが、困ったことがあったら、事業所の職員に相談してほしいと思います。

障がい者の方が最も困ることは、「臨機応変に」ということです。それは通じませんので、具体的な指示をしなければなりません。たとえばブドウ剪定枝を片付ける場合、短い枝と長い枝、どこまで拾うのかということがあります。「長いのだけを拾ってください」という指示では全然伝わりませんが、だからといって「一五センチ以上を拾って」と言うと、定規を持ってきて測ることになってしまいます。従って、「手からはみ出す物を拾って、それより短い物は拾わなくていい」と指示するとわかりやすくなって、障がい者も困らずに作業ができます。そんな工夫も必要です。

用具を工夫することもあります。ジュース用トマトには出荷の基準がありますので、施設の職員向けにその基準を事前に配付しておきました。さらに色分けした箱を用意して、青は出荷できるもの、黄色は農家か職員に聞かなければわからないもの、赤は出荷できない物に分けました。こうした工夫をすることで、かなりうまくいきました。

間違った認識での受け入れは危険です。単なる作業者や安価な労働力と考えないでほしいといっています。人間どうしですので、障がい者の気持ちもあります。良好な人間関係をつくることが大事です。仕事をやらせるのではなくて、仕事の一部をお願いする気持ちになることが大切です。間違った認識は、農家と障がい者、双方の負担になってしまいます。

小さな労働力を積み重ねて、全体の作業量をカバーします。メニューにないことでも、作業工程を分割すると、できることはたくさんあります。技術を要することは農家が自分でやるべきで、誰でもできることは障がい者の皆さんに分けてやってもらいます。空いた時間を有効活用して、農家は生産力や品質の向上に向けて、作業をすればいいのです。誰にでもできることというのは、要らない作業ではありません。実は、農業は草との闘いと言ってもいいほどで、いかに草を取るかが大事です。技術は要りませんが、草取りは欠かせない大事な作業です。草に虫が発生することで、農産物に病害が出ますので、草を取ることで病害が減り、農薬の使用量も減ります。草を取れば、栄養が農作物にいきますので、肥料の使用量も減り収量も上がります。草取りをお願いすることで農家の労働時間が削減されます。家族が身を粉にして働く必要がありません。キュウリ・トマトのハウスの草取りを農家がやれば三〇分、家族三人で一人一〇分やれば終わる作業ですが、それをお願いすればそれだけの家族の労働時間が削減できます。そういうことも、メリットです。

技術を要する作業だけが農業ではないのです。作業工程の分割は、農業の働き方改革にもなります。時間や仕事内容を細かく分解することで、誰でもできることは必ず生まれますので、してもらえる仕事をつくっていくことが大切です。障がい者を受け入れる体制を構築して、農福連携をビジネスとして成立させたらどうかと、農家の皆さんに話しています。

作業工程の分割は、パートを雇うときにも活用できます。農福連携のためだけだと、なかなか始められないので、例えば、農繁期だけ一日中働いて休みがなくて作業がたくさんあって、人が欲しいといっても絶対見つかりません。そういう人はいません。週二日、半日だけ家庭に負担をかけずに働きたい主婦を六人雇えばそういう人を雇ったことと同じです。

農福連携には互いに役割がある

障がい者にとっては、地域が活躍の場であり、農福連携にはデメリットはないと考えています。農業と福祉の問題の解決の糸口が、農福連携にはあると思っています。農業の現場では担い手が不足していますし、福祉では、障がい者の自立が求められているにもかかわらず、働く場は十分ではありません。人手が足りないところと、働きたいところが一致したら良いと思っています。農福連携はウィンウィンの関係で、双方が共存共栄の関係です。農と福が協働すれば可能性が無限大です。互いに役割があることで、地域の活性化にも期待できます。

農業のウィンは、農家が必要な作業に集中できて、品質や収益の向上に結びつきます。日々の忙しい労働から解放され、家族にとっても働き方改革になり、そのために生産面積が拡大でき、地域農業の振興も可能になります。ＪＡにとっては、農家の関係性が深まります。営農指導員が窓口になって農家と話をしていますが、いつも農協からお願いごとをするばかりでは、農家との関係は深まりませんが、農福連携への取り組みをきっかけにすることで、より深い関係性がつくれるようになるでしょう。

福祉にとっては、工賃がアップし、収入を得る喜びが増します。施設外就労によって、一日当たり一〇〇〇円の手当てが行政から出るそうです。現場に行って、歩いたり走ったりしているだけでも、施設外就労として手当てが彼らの収入にプラスされます。加えて、農業振興に貢献しているという自信につながればいいと思っています。太陽の下で作業をすることで、リフレッシュになります。地域社会のなかで、彼らの力が発揮できるようになればと思います。

ＪＡ松本ハイランドでの農福連携の仕組みは、福祉事業者にとっては、ノーリスク・ハイリターンだと思います。障がい者、農家とも歩合制をとっていますので、それぞれに負担をかけません。金額の設定も、健常者を基準にしていて、決して安く使っているわけではありません。今年春、凍霜害があり、一億六〇〇〇万円くらいの被害を受けましたが、そうしたリスクは農家側が負担しますので、福祉側に求めることはありません。たとえば直接雇用をしていて、その農家の経営が破綻してしまうと、障がい者はまた働く場を失ってしまいます。また、事業所が自ら農業をやると、そうしたリスクを負わなければなりません。ＪＡ松本ハイランドでの仕組みによれば、福祉事業所は現場に行けばそれだけお金になります。

農協は、社会的課題の解決と地域貢献、そして経済的な価値も同時に創造できる取り組みをしていかなければならないのですが、それを実現するのが農福連携です。

私たち、農業協同組合は、協同は農業者だけのものだけではなく、地域で分かち合って助け合うものだろうと思います。農業者と障がい者はともに地域で暮らしており、農業者も障がい者も互いの家族の暮らしも支えられるのが、農福連携の取り組みです。農業者は農業に携わっていますので、自分たちの農地は自分の地域にあります。ほかの地域では農業はできません。自分たちの地域に農地があるため、そこから逃げることはできないのです。

一方、障がい者の方たちは、一カ月一万五〇〇〇円しか稼げませんので、家族の支えが必要で、家族の皆さんも家や土地が地域にありますので、そこから逃げるわけにはいきません。したがってお互い地域にいる者同士、農業者と障がい者が助け合う。自分たちや家族が身を粉にして働けば仕事は何とかこなせますが、それを障がい者にお願いすることで、農業者も体が楽になります。障がい者の家族の方は、障がい者が昼間外に出て、体を動かして来ることによって、家に帰って来てからいろいろなことを話してくれますし、あるいは疲れて寝てしまいます。福祉事業所内での軽作業では、家に帰って、夜になかなか眠れないことがあるようです。昼間、外で体を動かすことによって家でよく眠れるということは、支える家族にとっても楽になります。そういうふうに農業者にとっても、障がい者にとっても良いし、障がい者の家族にとっても良いのです。みんなが良くなるのが、この農福連携の取り組みだと思っています。

地域には六〇近くの福祉事業所がありますが、その全部とＪＡ松本ハイランドの農家四八〇〇戸が協働することによって、農家も良いし地域も良く、障がい者も良い　、もちろんＪＡにとっても良いのです。このように、異種協働によって、みんながウィンウィンになればいいと思っています。さらに、交流を通じて地域の農産物のファンになっていただければさらにいいと思います。

農福連携を事業化する課題

このように農福連携がＪＡで芽吹きましたが、課題もあります。事業化して一年半になりますが、まだ様子見の農家が多く、一五〇〇戸ある主な販売農家のうち、販売金額が比較的多いのは六〇〇戸ですが、全体で三〇戸くらいしか参加していません。福祉事業所も積極的とは言えず、お願いしても、作業は無理だと否定的なところがまだ多いようです。福祉事業所にお願いに行くと、良い取り組みですが、うちの障がい者たちには無理でしょうと、なかなか受けてもらえません。農業就労サポーター、現地に行くサポーターやスタッフもいないことも一因です。福祉事業所の職員の方には女性が比較的多いのですが、あるとき、農業をするために福祉事業所に入ったわけではない、と言われたこともあります。やはり、福祉事業所の職員の方に理解してもらうのもたいへんです。マッチングの際には、福祉事業所に断られて、ＪＡの担当者も苦労が多いようです。

ＪＡのなかで農福連携の意義の周知が徹底していなかったという反省もあります。事業化の二年目ですので、システムの再構築に取り組んできています。昨年、さまざまなところで報道していただいたお陰で、「新たな長野県障がい者工賃向上計画」の策定懇話会に呼ばれました。これは、Ｂ型施設の障がい者の方たちの工賃を上げようというものでした。県からは、マッチング・コーディネーターの支援金をいただくことになり、今、改めて、このシステムがうまくいくように、再構築しています。

福祉事業所にお願いするときの切実な問題が、畑にトイレがないということです。障がい者の皆さんは、一人でトイレにいけませんので、障がい者三人と職員一人で農作業をしている場合、突然一人の障がい者がトイレに行きたくなったら、残りの障がい者をおいてはいけませんので、全員でトイレにいかなければなりません。作業を中断して、手袋を外して、みんなで車に乗って、一〇分かけて近くのコンビニまで行きます。全員が済ませて、また畑に戻って来て、作業を始めるまでには、長いと一時間近くかかることもあります。そうすると、一日、二～三時間しか作業をできない場合は大きなロスになってしまいます。障がい者を直接雇う所には簡易トイレに補助金が出るのですが、作業委託の場合はそうした補助金がないので困っています。なるべく、農協の施設や公民館、あるいはコンビニが近くにある畑での作業を農家にお願いするようにはしていますが、すべての作業でそういうわけにはいきません。

ＪＡ松本ハイランドでは、健全経営に向けた取り組みを進めています。ＪＡ経営は、信用・共済事業の利益で農業関連の事業をおこない農業振興を図っている面もあります。信用・共済事業で得た利益で、農福連携のための指導員の費用五億円、農業関連事業の二億円を埋めています。従って、信用・共済事業が分離されてしまうと、農業振興に回せる予算がなくなり、農福連携の窓口となるべき職員は配置できません。

政府はそれを分離したらどうかと言っていますが、農協は農業を基本に地域に貢献しており、信用・共済で得た収益が農業指導や販売事業に結びついてくると考えています。販売事業は、農家がＪＡに農産物を出してくれれば、そのお金は信用部門に入り、そのお金で、たとえば農家が、トラクターを買いたいというときには融資をするわけです。これらはすべて一体となって総合事業を営んでいるにもかかわらず、それが分離されると、農福連携もうまくいきません。総合事業を営んでいるからこそ、営農指導ができ、現場での営農指導があるから農福連携がうまくいくのです。これが、現場をもたない人たちでは、農家からの細かい相談に対応できません。そういった細かい対応するのが営農指導であり、それを支えているのが信用・共済事業部門なのです。そうしたことをご理解いただきたいと思います。

この五月末、農協改革の集中審議期間が終わりましたが、准組合の事業利用が規制対象になるかどうかはわかりませんが、その意味では、障がい者の家族が直売所を利用してくれたり、貯金をしてくれたり、農業体験に参加してくれたりして、農協を知ってもらえば、農協の経営は安定して、農福連携事業も展開していけると思います。

これが、ＪＡ松本ハイランドが取り組む農福連携の根幹だと考えています。農福連携で、新しい輝きをもっていければいいと思っています。

（かま　しんご）

〈質　疑〉

――　関わっている障がい者は、どんな方が多いのですか。

鎌　知的障がい者、精神障がい者などいろいろな障がいをもった方がいますが、身体障がい者の方はおりません。知的障がい者と精神障がい者が一緒に作業をすることは勧めていませんが、基本的には事業所に任せています。たとえば月曜日の作業をお願いすると、精神障がい者の方は月曜日に来られない場合が多いようです。

――自治体など行政からの支援はどのようなかたちであるのでしょうか。

鎌 特別ありません。私は今の所属に今後もいられるとは限りませんので、事業を構築するという意味では、何とかしようと思っています。県からの支援はあります。

――B型事業所に限定しているようですが、その理由はどんなことですか。歩合制の報酬の基準、たとえば料金表などがあるのですか。

鎌 作業料金の単価表を作って配付しています。また、A型事業所を避けているわけではなく、A型事業所からも来ていただいています。その働きぶりはよく、農家の評判もいい。A型事業所がB型事業所の仕事を奪ってしまいかねないほどです。A型事業所の障がい者の方は、割に合うときとそうでもないときがあります。B型と異なり最低賃金が求められますので、採算にあわないところもあります。しかし、新しいA型事業所は、とにかく仕事がほしいと、農業にも入ってきます。

――農福連携は、障がい者の一人の人間、働く権利をもっている人の、働く条件をいろいろなかたちで整えていくことだと思います。働くことの評価にも今ではいろいろな物差しがあり、儲けだけでもないと思います。将来、農福連携は、農業の立場で障がい者に福祉を与えるという考え方になっていくのでしょうか。

鎌 長芋の棚はずし作業など、すでに障がい者の方がいないと困るという農家もあります。

そういう意味では、福祉を与えるというたいそうな気持ちを農家がもっているわけではなくて、お互いにいなければ困るという存在になればいいなと思っています。一部の事業所あるいは農家を助けるのではなくて、全部の事業所と農家を対象にしているのは、地域全体で、お互いがいなければ困るという関係になればいいと思って、このシステムを構築しています。その意味では、地域が出発点になっているのです。長野県の担当者に聞いたところ、これまで、中信地域では農福連携はまったく進んでいなかったのですが、今回をきっかけに地域の出発点になればいいと考えています。

――最初に、青年部で取り組み始めたのは、どういう経緯からだったのですか。また、作業の単価を健常者の場合を基準にしているのはなぜですか。

鎌　若い農家がモデル的に何かやっていることは古い組織でも許されるからです。最初に受け入れた七戸の農家の方は、それぞれの思いで受け入れてくださいました。農福連携に取り組んでいる三〇戸のうち、話を聞いていると、親せきに障がい者がいるということがありました。そうしたことから受け入れる人もいます。農福連携に取り組みたかったが、きっかけがなかったということもあったようです。地域の農家のなかにも障がいをもった関係者がいるということが広がりの要因ではなかったかと思っています。

なお単価設定は、農家が自分でやるか農作業アルバイトを雇ったときに、その作業はいくらかかるかというところから始めました。同じ作業に同じ金額を支払うことは当たり前で、たとえば草取りを一反やったら何時間かかるか、七時間かかれば、最低賃金プラスアルファとします。それぞれ、そうした時間に最低賃金をかけて算出しています。

――トイレ以外にも、現場で困っていることはありますか。

鎌　ひとつは福祉事業所から作業場まで送ってくれる人がいないことです。行政からの支援もありますが、それは農作業を教えたりする現場だけの支援なので、福祉事業所のスタッフが足りないので、現場まで連れて行ってくれる人がいません。障がい者はあくまで事業所に通っているので、そこから畑までは支援されていません。乗合バスのようなかたちで、各事業所を回って、現場に行ことすると、それぞれの障がい者の面倒は誰がみるかが問題になり、それらをすべて把握しなければなりません。

――障がい者が作業しやすいように農具を工夫されているようですが、作業を依頼する農家がそれぞれ工夫したのですか。それともJAで統一して考えたものなのですか。事業所のスタッフはかなり農作業に精通しなければいけないのですか。

鎌　農福連携のこの取り組みを始めるにあたっては、どこにも視察に行っていませんでした。すべて現場から考えたものでした。先ほどお話した、三色の箱は私が考えました。作業の説明の工夫についても、現場で農家と話しながら一緒につくっていきます。難しい作業はありませんので、事業所のスタッフにとっては簡単です。少し難しいのがトマトの収穫作業ですが、出荷できるものとそうでないものを分ける必要があることを、事前にスタッフの方にも説明をしておけば大丈夫です。それでも五分くらいあれば済みます。リンゴの摘花作業にも挑戦したことがあるのですが、花を全部摘んでしまい、失敗でした。最終的には農家が調整して大丈夫でしたが、その作業は難しすぎたのかもしれません。

　そのように、いろいろな挑戦をしてきて、技術が必要な作業はメニューには入れていません。スタッフを育成して、技術を要する作業を障がい者に覚えてもらうことも大事ですが、時間がかかるので、多くの農家の助けになるのは、やはり多くの単純作業を手伝ってもらうことです。農作業アルバイトのマッチングをしていたときも、主婦を雇いやすいように作業を分割するように提案したら、農家の意識も変わってきて、一週間のうち一日だけでもいいといった募集のかたちにしたら、一気に応募が増えました。農家の労働力に対する意識も、農福連携に関わるようになってから変わってきました。

――事業所によっては農福連携の取り組みがうまくいかないところもありますか。参加されている事業所には共通点などありますか。

鎌　取り組みをやめた事業所もありますが、その理由についてはよくわかりません。現在、すべての事業所にメールを送れるシステムをつくっていますので、今でもお願いはしています。参加している事業所は、基本的には、B型事業所ですので、スタッフに熱意があることがあげられます。B型事業所に通う障がい者の工賃を上げていこうという意識が高いところは、農福連携で畑に出れば稼げることがわかってきていますので、何とかして、障がい者たちがお金をたくさん稼いで家族が幸せになってほしいと考えるスタッフがいる事業所が参加しています。事業所のスタッフからみると、たとえば事業所内で箱を組み立てる作業をしても、畑で一緒に汗を流しても給料は変わりません。

――「食料・農業・農村白書」は約七万人の農業労働力不足を指摘しています。この現状をどう受け止めていますか。どうしたらこの問題を乗り越えることができるのでしょうか。

鎌　農福連携による労働力だけでは、農業全体の労働力不足に対応するには足りないと思っています。農作業アルバイトの募集には三〇戸の農家に一四〇人が応募してきましたので、採用にならなかった人もたくさんいます。その意味では、労働力は意外にあるのではないかと感じます。一方、農家は人出不足だが、人を雇うお金がないと言います。若い農家が今後面積を拡大していくときに、自分で作業を抱えきれなくなったときに労働力不足を実感するのでしょう。あと五年～一〇年で、リタイヤする農家が増え、一人当たりの面積はどんどん増えていきます。現時点では何とかなってはいるものの、今後は足りなくなるので、今のうちに手を打っておかなければいけない。

農福連携も同じですが、取り組み始めて三年くらいになりますが、やはり時間がかかり、息の長い取り組みです。外国人実習生も増やしていかなければならないと考えています。しかし、外国人だけでは足りないし、ＩＣＴやスマート農業もありますが、果実は手作業が多いため、それだけでなかなか難しい。技術が必要なことは障がい者では無理なので、外国人に教えていくしかないのかもしれません。もっとも、外国人もずっと日本にいられるわけではないので、それも課題になります。

今、農家で人出が足りないとはいうものの、雇えない農家もあるので、そういう意味では労働力の需給は今のところ均衡しているのではないかと思っています。

――冬場の畑作業は厳しいでしょうが、どのような対策をしていますか。障がい者を雇うことは、決して安い労働力として見るのではないと、どのようにして農家に理解してもらっているのですか。外国人実習生についての意識も同じだと思いますが。

鎌　冬場の作業はありませんが、事業所の方との関係づくりに、直売所で農福マルシェを開催しています。直売所ですので、集客に努力する必要もありませんので、そこに来てもらっています。外国人実習生にも冬は帰ってもらっています。ブドウの剪定枝の片付けは冬場の作業ですが、雪が降って剪定が遅れ、枝が雪の下になってしまい、いよいよ間に合わなくなると、農福連携に声をかけます。雪が少ないとこの仕事もありません。冬の作業はないので、家族だけでも何とかなります。

また、障がい者を安く雇っているという意識はまったくありません。毎年春先に、事業所の皆さんと懇談会を設け、一年間の感想や改善点を聞いて料金についても改善をしてきています。そのなかで事業所から金額について意見が出れば、農家と相談して、金額を上げることもあります。外国人実習生はあくまで技術移転が目的で、労働力ではないという話はしています。祭や交流会に参加してもらって、日本の文化も楽しんでもらえるようにしています。

もっとも、残念ながら賃金は一般のアルバイトに比べれば安くなってしまいます。たとえばキャベツ一玉が二五〇円や三〇〇円で売れれば、それなりの賃金を払えますが、一〇〇円ちょっとで売るためには、ある程度安い賃金でないと生産はできません。

――ＪＡ松本ハイランドのこうした取り組みに、他のＪＡなどの反応はどうですか。

鎌　ＪＡというよりも、県からの問合せが多いです。月に五～六本の電話があります。どちらかと言うと、行政の方が関心は高いようです。国が旗を振り始めたこともあるのでしょう。こうした取り組みが他のＪＡに波及できないことはないと思いますが、私は地域の農家に雇われている人間ですので、地域の農業、農家を何とか支えることが私の仕事です。農家の困り事を聞いて、それを解決するのが私の仕事だと思っています。外に向かって情報提供することは否定しませんが、農協によっては、営農指導員をもたなかったり、行政にまかせている所もありますので、こうした取り組みはＪＡ松本ハイランド独自のものなのかもしれません。うちには、営農指導員が結構いますが、他のＪＡでは営農指導員を抱えられなくて、うちの営農指導員を貸してほしいという話もあります。県全体で畜産分野の営農指導員を集めて、各地のＪＡに派遣することも始めていますが、こうした姿は本来のものではないのではないかとも思います。農福連携にはいろいろなかたちがあると思いますが、地域の問題は地域のなかで解決していければいい。他のＪＡのことよりも、まだまだうちのＪＡの課題を解決していくのが大事で、とくに労働力の問題は、今すぐ手を打っておかないといけない。

濱田（ＪＡ共済総合研究所・研究会第一回講師）いつも農家と向き合ってきたなかからの話ですので、ひじょうに説得力があると感じました。現場で苦労して積み上げたということが、農福連携らしいのでしょう。それぞれの地域のなかでつくりあげていくのが、本来の農福連携のかたちであり、それを実践されてきています。農福連携はそれほど簡単にいきません。たとえば一年目や二年目の新入社員は、企業ではまだ使えませんし、組織の全員が立派に働けるかというとそうでもない。農福連携も同じで、「かたち」ができるには時間がかかります。農作業も器具を改良すれば障がい者でもできるようになるし、外から人を入れることで解決できることもあるでしょう。いろいろな状況に応じて解決していけばいい。

農業サイドが今後農福連携に取り組むことはとても大切になります。そのとき、時間をかけるのが重要です。しかし、最終的には「福祉」を消して、さらに「農福連携」という言葉も消すことを目指します。障がいを持っている方のために農福連携があるのではなく、社会で問題を抱えた人たちがもう一度社会とつながっていく。私たちも年を取っていけば老化が進み、そのとき、いろいろなサービスを提供される側になってしまいます。そうではなくて、できることはやっていきたいし、支えてもらいたい。お互いが当たり前のように支えあう社会をつくる、そのひとつの手段が農福連携だと思っています。その意味で、内閣府のなかに推進会議ができ、ビジョンができたことは、私にとって、大きなフェーズのうちの一つを達成したにすぎません。

しかし、とくにＪＡのなかでは農福連携は始まったばかりで、鎌さんが取り組んできたことはひじょうに重要で、ぜひこうした取り組みを継続していただくことを期待します。今後、全中も動いていくでしょうから、皆さんと一緒にやっていただきたいと思っております。

（二〇一九・六・二五）

農政の焦点

米国政権交代で農業政策はどう変わるか

会員　菅　正治

米国の新大統領に民主党のジョー・バイデン元副大統領が就任した。バイデン氏は地球温暖化対策の国際枠組み「パリ協定」への復帰を表明したのをはじめ、環境を重視する姿勢をアピール。関連予算を大幅に増やす一方、共和党のトランプ前政権が緩めた多くの環境規制を強化する方針を示している。農業に関連する規制も多く含まれ、気候変動対策に絡んで新たな措置が導入される可能性も強く、農業界は警戒を強めている。

バイデン大統領は就任した一月二〇日、パリ協定復帰に向けた手続きに入る文書に署名。同時に、公衆衛生や環境分野の取り組みを強化する大統領令を発動し、現行政策を総点検するよう各省庁に指示した。重点項目として前政権が緩和した一〇〇余りの規制を明示しており、米メディアによると、農業分野では水質保全対策や農薬クロルピリホスの扱い、農薬からの農業労働者の保護、絶滅危惧種の保護などが焦点となる。

◇水質保全対策や農薬の扱いが焦点

米国では、農地から流出する肥料や畜産の排出物が川や湖沼に流れ込み、水が汚染される問題が頻発している。この対策として、バイデン氏が副大統領を務めたオバマ政権は、農業団体の強い抵抗を押し切り、水質保全規制で連邦政府の権限を拡大する改革を二〇一五年に断行した。トランプ政権は一転して緩和しており、規制のあり方をめぐって再び大議論に発展する公算が大きい。

これに関連し、共和党の上院議員二六人は一月二七日、規制強化に反対する決議案を公表し、さっそくけん制を始めている。とりまとめ役となったジョニ・アーンスト上院議員は「きれいな水が国の重要課題であることは確かだが、連邦政府の力を拡大し、農家に困難を強いることがあってはならない」と訴える。クロルピリホスは有機リン系の殺虫剤で、米国では二〇世紀後半以降、トウモロコシや大豆、小麦をはじめ多くの作物で使用されてきた。一方で、人間の健康や環境に対する悪影響も指摘され、使用の是非をめぐって長く論争が続いてきた。オバマ政権は事実上禁じる措置を講じたものの、トランプ政権が撤回。使用量は近年減っているものの、新政権は農薬規制強化の象徴として標的にする狙いのようだ。

重点項目のリストには盛り込まれていないものの、ネオニコチノイド系殺虫剤や除草剤のジカンバの扱いも焦点となりそうだ。ネオニコチノイドはミツバチの大量死との関連が指摘され、欧州を中心に禁止の動きが広まり、オバマ政権も規制を強化したものの、トランプ政権は一転して緩和した。ジカンバは周辺に飛散しやすいため、隣接農家の作物を誤って枯らす被害が近年相次いでおり、控訴裁判所が昨年、認可した環境保護局（ＥＰＡ）の判断は誤りだとして、使用を禁じる決定を下した。しかし、ＥＰＡは使用継続を認める判断を改めて下し、環境団体との間で法廷闘争が続いている。

◇温室効果ガス排出量一〇％を占める農業

バイデン氏は、パリ協定への復帰に関連し、二〇五〇年までに二酸化炭素など温室効果ガスの排出量を実質ゼロとする目標を掲げている。農業分野は米国全体の排出量のほぼ一〇％を占めており、大幅な削減を求められるのは必至。一月二七日に出した地球温暖化対策の大統領令には、農業分野では森林再生や農地への炭素貯留、生物多様性の保護、適応策の推進などが盛り込まれた。

バイデン氏はこの日の署名式で「排出ゼロに向けて米国農業が世界の先頭に立ち、農家が新たな収入源を得られるようにしたい」と表明。農務省に対し、農業関係者と幅広く意見交換しながら具体的な制度設計を進めるよう指示した。農業団体ファームビューローは声明で「科学に基づき、自主的で、市場主導型の制度を考えていきたい」と応じた。農業界は「自主的」という言葉を強調しており、強制的な措置が導入されることへの警戒感が強い。

◇農務長官にビルサック氏が再登板

バイデン氏が農務長官に起用したのはトム・ビルサック氏。農業が盛んな中西部アイオワ州で市長や上院議員、知事を経て、オバマ政権で農務長官を八年務めており、民主党きっての農政通。直近では米乳製品輸出協議会（ＵＳＤＥＣ）の会長を務めていた。ビルサック氏はアイオワ州の地元紙のインタビューで、農務長官としての優先課題として、新型コロナウイルスや気候変動対策、地域経済開発、競争的で開かれた市場などを挙げた。気候変動に関しては、保全形農業への移行に向け「極めて大きな変化が起こるだろう」と表明。まとまった財源を確保し、農地への炭素貯留を推進する考えを示唆した。

一方、トランプ政権が離脱した環太平洋連携協定（ＴＰＰ）について、バイデン政権は「不十分で、改善する必要がある」との認識を示し、一部見直しを前提に復帰の可能性をにじませる。ただ、優先順位は低いとして、具体的な議論は当面先送りする見通しだ。

（すが　まさはる・時事通信社）

農政の焦点

高病原性鳥インフルエンザ多発の背景にみえる養鶏経営の防疫面の課題

会員　下山　隆雄

高病原性鳥インフルエンザの発生が続いている。昨年一一月～一月二一日の殺処分羽数は六〇〇万羽を超え、過去最大だった一八三万羽の三倍強となった。これ以上の感染拡大は、鶏卵、鶏肉の需給などへの影響も懸念される。政府は、都道府県などと連携し、飼養衛生管理基準の順守徹底など防疫対策の強化に努めている。大規模経営が増えている中で、今季は農場密集地域での感染も発生した。複数農場に感染が広がると地域経済にも打撃となる。感染を広げない防疫体制のあり方なども今後の検討課題となりそうだ。

国内では二〇一八年一月以来となる高病原性鳥インフルエンザは、昨年一一月五日に香川県三豊市の採卵鶏農場で初発が確認された。以降、香川県内の採卵鶏や肉用鶏の農場に広がり、九州や近畿、中国でも発生、一二月中旬以降は関東や北陸でも確認され、一月三一日時点で一六県四〇事例となっている。殺処分羽数は国内飼養羽数の一・九％ほどとなったが、現状では需給や価格などへの影響は少ないとされている。ただし、千葉県では一〇〇万羽超を飼養する二農場で発生するなど、飼養規模が肥大化する中で一農場あたりの殺処分羽数は増えている。過去の発生農場で最大の飼養羽数は約三一・五万羽とされるが、今季は関連農場を含め三〇万羽以上を飼養する農場での発生が七例に上っている。

養鶏は、畜産の中でも飼養規模の拡大が進んでおり、今季の殺処分羽数の多さにはそうした事情も反映されている。肉用鶏（ブロイラー）の飼養戸数は、一九年で二二五〇戸（前年比〇・四％減）、飼養羽数は一億三八二二万八〇〇〇羽（同〇・四％減）となった。そのうち二八二戸（一二・五％）が五〇万羽以上を飼養し、年間出荷羽数では四六・二％を占める。採卵鶏も同様に、飼養戸数は一九年で二一二〇戸（前年比三・六％減）、成鶏めす飼養羽数は一億四一七九万二〇〇〇羽（同二・〇％増）となった。そのうち三二九戸（一七・一％）が一〇万羽以上を飼養し、成鶏めす飼養羽数割合では七六・〇％を占める。

農林水産省によると、今季の高病原性鳥インフルエンザは、一九―二〇年に欧州で確認され、二〇年夏にシベリアで検出されたＨ５Ｎ８亜型ウイルスによるものだ。今季は渡り鳥を介して東西に伝播したとみられ、前季は未発生だった西欧諸国や韓国、日本で続発する事態となった。一月一九日時点で、欧州ではフランス二八二件、ドイツ二七件、英国一八件、オランダ一二件など一一カ国に広がっている。日本以外の東アジアでは、ウイルスが常在する中国、台湾を除き、韓国で九〇件発生している。

◇ウイルス侵入の原因

農研機構は、昨年一二月一四日に研究成果を発表し、国内で発生が広がった要因として、ウイルスの病原性の問題を指摘した。今季初発の香川県の事例から分離したウイルスの病原性を解析した結果、高い致死性を示すとともに、〇四年、一八年に国内発生事例から分離したＨ５亜型のウイルスと比べ、感染から死亡までの期間が優位に長い傾向があると分かった。つまりは農場にウイルスが侵入して死亡鶏が出るまでの間に、農場でウイルスの密度が増えてしまい、早期の発見や通報の遅れのほか、農場に出入りする人や車両、また野生動物などを介した農場外へのウイルスの拡散を招く恐れも高まることになる。

感染の続発を受け、農林水産省は飼養衛生管理基準の徹底を基本とした防疫対策の強化を図っている。都道府県に指導の徹底を通知し、飼養衛生管理基準の順守状況調査もこれまで二回実施した。点検項目は、手指の消毒や衛生管理区域の設定、家きん舎ごとの専用長靴使用、野生動物の進入禁止対策、ネズミや害虫駆除など。一回目は一二月一八日時点で約七六〇〇余り、二回目は小規模農家にも範囲を広げて一月一八日時点で約一万三〇〇〇余りの点検結果が報告された。項目ごとの順守率は九割程度となっているが、感染防止には残る一割程度の改善が必須として防疫対策の中核に据える。

　野上浩太郎農相は一月二六日、閣議後の記者会見で、「全農場の順守状況が改善されるまで自主的なフォローアップを繰り返し実施していく」と都道府県と連携して防疫対策の徹底を図る考えを示した。また、改正家畜伝染病予防法では、都道府県による指導、助言、勧告、命令のほか、罰則適用も規定されていることも踏まえ、改善が見られない場合は農場名の公表を辞さないことも明らかにした。

　今季の高病原性鳥インフルエンザの早期終息に向け、農場や養鶏産業関係者には一層の対応を期待したい。一方で、昨今の養鶏経営の現状をみると、次に感染が発生した場合、殺処分羽数の多さなど、さらに影響が大きくなる恐れがある。効率重視で構築されてきた大規模農場の飼養管理について、防疫の観点からも検証が必要ではないか。密集地域での農場間の感染をいかに防ぐかという防疫対策なども課題であろう。

（しもやま　たかお・農業共済新聞）

編集後記

○…ＮＨＫラジオ深夜便へビーリスナーの一人を自認してるが、今年一月三一日、畏友の大竹道茂さんが出演。大竹さんと言えば、江戸東京野菜の話になる。江戸の豊富な野菜たちの存在は、参勤交代によるところが大きかった、と。江戸屋敷の庭園には、故郷を懐かしむ多種類の野菜栽培がおこなわれていたそうである。一〇〇万人余の江戸の町は世界一の大都市、人の交流華やかな情景が浮かぶ。人の交流に食文化あり。それに比して今日、コロナ禍の巣ごもりが続く。これもまたやむなし。

○…特集は『農業と福祉の連携』は何を生み出す。ユニバーサル農業にも通じる、この考えに希望の光を見る。研究会四氏が異なる立場から語る内容は興味深い。農福連携の基本中の基本を濱田氏が述べ、京丸園鈴木氏には障がい者雇用から農業活性化のヒントをさぐる実践し、担い手不足を言われる農業に明日を開く。さらに福祉施設の施設長の現況報告、そしてＪＡ松本ハイランドの「農福」取り組み事例は「農福アワード」の優秀賞を受賞する。

○…農業分野では、今日も（二月六日）も高病原性鳥インフルエンザ発見発表、国内今季四三例、詳しくは『農政の焦点』で。また、アメリカ大統領交代にともない、バイデン新大統領の農業政策を取り上げました「米国政権交代で農業政策はどう変わるか」です。

○…不要不急の外出を遵守してホームワークの日々。この環境ならば編集作業がはかどると思いきや、意外や意外に遅々として捗らず。理由!?　（青）

日本農業の動き　No. 209

農業と福祉
その連携は何を生み出すか

定価は裏表紙に表示してあります（送料は実費）。

二〇二一年二月二六日発行 ©

発行　農政ジャーナリストの会
編集　会長　行友　弥
〒100-6826　東京都千代田区大手町一の三の一（ＪＡビル）
電話（03）六二六九-九七七二
ＦＡＸ（03）六二六九-九七七三

販売　一般社団法人　農山漁村文化協会
〒107-8668　東京都港区赤坂七の六の一
電話（03）三五八五-一一四二

URL：http://www.ruralnet.or.jp/
振替　〇〇一二〇-三-一四四四七八

購読のお申込みは近くの書店か、直接発行・発売元へご連絡下さい。バックナンバーもご利用下さい。

PRINTED IN JAPAN 2021　ISBN978-4-540-20065-6　C0061

安全と安心を、すべての食卓に。
JAグループは、生産者一人ひとり
と共に、今日も進みつづけます。
この国の豊かな大地と地域の
くらしを、次の世代へ伝えるために。
JAグループ
耕そう、大地と地域のみらい。